NF

軌道エレベーター

宇宙へ架ける橋

石原藤夫・金子隆一

HAYAKAWA NONFICTION

早川書房

6506

図・イラスト：長谷川正治

はじめに

「軌道エレベーター」というSF的な用語を聞くたびに、苦い思いがこみあげてくる。

ユニークな科学論文を嗅覚するどく探しあてて、それをもとに空想を展開して物語をつむぎだすのは、ハードSF執筆のひとつの有力な方法であり、わたしにもそのような経験が何回もある。

これには一種の先取り競争という側面があり、いわば早い者勝ちである。

自分がユニークな論文に気づかずに先を越されるのは、とうぜんのことであり、力のなさを嘆くだけなのだが、悔しいのは、後に有名になる論文に気づいていたのに、自分の才能不足や積極性不足によってハードSF化ができず、外国作家に先を越されてしまうことである。

わたしのSF作家生活において、そのような悔しい経験が（大きなもので）二度ほどあった。

一度は、ウィーラーらの人間原理だった。そしてもう一つが、本書で詳しくふれているアルツターノフの「軌道エレベーター」だったのだ。

アルツターノフのアイディアが『SFマガジン』（早川書房）に翻訳掲載されたとき、わたしはまだSFに取り組んではおらず、この雑誌は古書で入手して読んだ。三〇歳すぎたころだったと思う。

大胆不敵なアイディアだと思い、興味深く読んだのだが、しかし、それを自分で消化してSFにまで発酵させることは、とうとうできなかった。

その主な理由は、軌道エレベーターの力学をきちんとは理解していなかったことによる。言い訳じみてしまうが、わたしは工学系の人間であり、天体力学や物理学については素人で、ニュートンの法則なども、大学卒業して二〇年もしてから、SFを書くために自分で勉強したという始末だったのだ。

したがって読んだ当時は、力学の方程式をひねってアルツターノフのアイディアを理論的に検証してみる腕がなく、敗退してしまったのである。

どうやら、日本の宇宙工学者やSFファンは、すべてそうだったようだ。というよりも、軌道エレベーターの力学に興味をもつ人自体が皆無に近かったといった方がよいだろう。

この事情は、恒星間旅行の研究についても言える。二〇年以上前だが、恒星間旅行の解説書を書くために、一年がかりで文献調査をしたことがあったが、欧米各国においては五〇年前、七〇年前にまでさかのぼって有意義な論文がつぎつぎに検索されるのに、日本人の論文は、ついに一篇も見つけることができなかったのだ。

本書を手にとってくださる読者諸氏は、そのことをぜひ、考えていただきたいと思う。わたしもまだまだ現役でがんばるつもりではあるが、若い科学好きSF好きの皆さんに、やはり期待したいのである。終戦から五〇年もすぎ、戦争があったから——といった言い訳ができない時代になってから、すでに久しいのだから……。

本書の骨子は、ハードSFの神様であるアーサー・C・クラークの解説エッセイに沿っている（参考文献参照）。これはクラークが軌道エレベーターの建設を描いた名作『楽園の泉』（ハヤカワ文庫SF）を書くにあたって調査した資料をまとめたものである。

また、その後に発表された多くの研究成果の解説も含んでいる。

本書によって「軌道エレベーター」の知識を得た読者が、さらに新しいアイディアや理論解析や技術的構想に取り組んでくださることを希望している。

本書は、金子隆一が元をつくり、石原がそれを補足・アレンジした。両人の苦手な材料関係については、東京電気通信大学／日本赤十字看護大学の山崎昶博士のお世話になった。面倒なイラストについては、長谷川正治氏に尽力していただいた。また軌道エレベーターを扱ったSFのリストについては、河野准志氏の労作をいただくことができた〔単行本版参照のこと〕。さらに、本書のようなユニークな出版が可能となったのは、本〈ポピュラー・サイエンス〉シリーズ編集委員の先生方のご理解と、SFファンでもある裳華房の國分利幸氏の熱意があったからである。

以上の方々に、著者ふたりを代表して厚く御礼申し上げる。

石原藤夫

一九九七年五月三日

目次

はじめに……3
第1章　軌道エレベーター登場す！
1・1　ロケットには限界がある……15
（1）燃料費が大変だ……17
（2）燃焼による環境破壊も問題だ……24
1・2　それは極端に細長い人工衛星だ！……27
（1）脱出速度と静止衛星の話……30
（2）そこでいよいよ軌道エレベーターだ！……37
（3）エレベーター・カーとエネルギー回収の原理……42
（4）噴射なしの地球重力圏脱出……43
（5）横に寝てしまわないだろうか？……48

1・3　軌道エレベーターの起源とSF界への進出……52
（1）神話と伝説と「創世記」……52
（2）宇宙工学の始祖ツィオルコフスキーの構想……56
（3）軌道エレベーター登場す――アルツターノフの構想……60
（4）そのほかの提唱者……68
（5）クラーク『楽園の泉』……70
第2章　軌道エレベーターのテクノロジー
2・1　どんな材料が必要か？……77
（1）材料に求められるきびしい条件……77
（2）破断長とは何か？……79
（3）テーパ構造で解決できる！……85
（4）結晶鉱物とホイスカー……91
（5）金属水素とポジトロニウム……95
（6）夢の新素材？　カーボンナノチューブ……100

2・2　どんな方法で建造するのか？……105
（1）建造の段取りを考えよう……105
（2）豊富な資源の供給源としての小惑星……109
（3）小惑星の成分とは？……113
（4）小惑星の捕獲方法……115
2・3　どうやって安定させるのか？……123
（1）いよいよ建設だ……123
（2）どこに構築するのか？……129
（3）宇宙のネックレス……132
第3章　軌道エレベーターの新展開
3・1　地球以外の惑星ではどうなるのか？……139
（1）各惑星の静止軌道を調べよう……139
（2）火星の軌道エレベーターの利点……143

3・2　月と地球を結ぶ方法がある！……150
（1）ラグランジュ点……150
（2）月面用軌道エレベーター（L1エレベーター）……156
3・3　静止軌道をもちいないアイディア……159
（1）非同期軌道型エレベーター……161
（2）奇想天外なORS（軌道リングシステム）……172
（3）ORSの発展形……177
対談……183
おわりに……205
参考文献……213
索引……217

軌道エレベーター

——宇宙へ架ける橋

第１章　軌道エレベーター登場す！

1・1　ロケットには限界がある

　アメリカのスペースシャトルや日本のH-IIなど、大型ロケットの打ち上げ光景は、TVの映像でもおなじみだが、じつに勇壮で見ごたえがある。

　図1・1のように、もうもうたる白煙と紅蓮の炎を吐き出しながら、しずしずとガントリーを離れ、しだいに加速しつつ、はるか蒼穹の彼方へと消えていく。

　その姿は、たんなるテクノロジーの産物という観念では捉えきれない、一種荘厳とも言うべき風格をたたえている。その魅力の虜《とりこ》となって、シャトルの打ち上げを見るためにケネディ宇宙センターに通いつめている日本人が何人もいるくらいである。

　しかし……とはいうものの、その風格あるロケットもじつは、完成された宇宙交通機関というわけでは、けっしてない。いやむしろ、その原理的な多くの欠点ゆえに、いつ

図1・1　スペースシャトルの打ち上げ光景（写真提供：NASA）

かはかならず命脈がつきる運命にある——とさえ言えるかもしれないのだ。
なぜだろうか？
その理由は、ロケットの原理を知ることによって、自然に明らかになる。

(1) 燃料費が大変だ

ロケットとは要するに、高温で運動速度の大きなガス（あるいはその他の推進媒体）を後方へ噴射し、その反作用によって前へ進む乗り物のことであるが、現在われわれが主に使用しているのは、燃料と酸化剤によって高温のガスを爆発的につくり、それを噴射する「化学燃料ロケット」である。

では、どんな燃料がこの種のロケットに用いられるのだろうか？

酸化して高温を発する物質なら、どんなものでも使用可能だと言えなくもないが、少しでも熱量（エネルギー）の大きな燃料が望ましいことは、言うまでもない。

その意味で、現在の知識で結論づけられる、もっともすぐれた燃料と酸化剤の組み合わせは、液体水素と液体酸素のコンビである。

液体水素一グラムを燃やしたときに得られるエネルギーは一二万ジュールに達する。通常のガソリンの一グラムあたりのエネルギーが四万八〇〇〇ジュールであることからみても、その性能は圧倒的だ。

液体水素は沸点がおよそマイナス二五三℃ときわめて低く、常温常圧では保存できないし、比重が小さいだけにかさばるという難点を有してはいるが、それでもスペースシャトルは、腹に巨大な液体水素タンクを抱えることによって、一昔前の炭化水素燃料（主に灯油）ロケットをはるかにしのぐ単位重量あたりの推力を確保することに成功している。

だが、どんなに理想的な燃料を用いたとしても、化学燃料ロケットには、絶対に乗り越えることのできない原理的な壁が存在する。

ここで簡単な数式を出すことをお許しいただきたい。

出発時のロケットの質量をMとし、燃料を使いきったときのロケットの質量をmとする。燃料の使い方や噴射のしかたが無駄のない理想的なものだったとし、ノズルからのガスの噴射速度をwとすると、最終的にロケットが到達する速度vは、

$$v = w \ln \frac{M}{m} \qquad (1 \cdot 1)$$

であらわされる。ただしlnは自然対数の記号である。

じっさいに得られる速度は、大気の存在や打ち上げの軌道その他のさまざまな条件によってかわってくるが、あらゆることが理想的にできたとしたときのロケットの速度がこの式だ――と考えていただきたい。

式をみると、vとwは比例しているので、噴射速度wを大きくすればロケットの速度vも大きくなる理屈であるが、化学燃料のばあい、エネルギーを無駄にしないですむwの最大速度は毎秒四キロメートルていどでしかない。

ところが、ロケットが地球重力圏を脱出して宇宙へ向かうことのできる最低の速度（脱出速度といわれる）は、1・2節で説明するように、ほぼ毎秒一一・二キロメートルである。つまり最低でも、ガスの噴射速度の三倍もの速度をロケット自身がもたなければ、地球から宇宙の彼方へと向かうことはできないのだ。

式（1・1）は、噴射速度wよりもロケットの速度vを大きくすることが可能であることを示してはいるが、そのためには、出発時の質量Mと燃料を使いきったときの質量

mの比$\frac{M}{m}$をかなり大きくしなければならない。

この比のことを質量比と呼んでいるが、簡単な計算で、前述の脱出速度を得るためのそれは、一六・四ていどになることがわかる。この逆数はほぼ〇・〇六なので、この数字は、出発時のロケットの全質量（全重量）の九四％が燃料で、残りの六％だけが本体——となるようにしなければならないことを意味している。

しかも、この計算はあくまでも理想的なばあいのもので、実際には能率はもっとずっと悪くなる。

あの重い図体を空中に静止させるだけで、たいへんな量の噴射をしなければならないことからも、その能率の悪さが実感できるであろう。

図1・2のように、要するに、ある量の燃料を打ち上げるためにまたそれ以上の燃料がいる——というのが、ロケットの基本的な性質なのである。

ご存じのように、今日のロケットはいずれも多段式である。これは、燃料を消費するとともに、しだいに不要となってゆく燃料タンクや配管系をエンジンごと切り捨て、そこからふたたび加速を開始することによって、質量比を少しでも向上させるための苦肉の策にほかならない。

最近では、アメリカで試作された「デルタ・クリッパー」のような単段式のロケット

図1・2　ロケットの打ち上げはたいへんな無駄をともなう。
本体を推進するのに燃料1が必要だが、それを推進するのにさらに燃料2が必要となる。これを何段にも重ねなければならない。

も、材料工学の発達によって実現の可能性が高まってはきているが、それとて、無駄な構造が減るだけであって、前記の理論以上に燃料の消費を減らすことができるわけではない。

　月面着陸のアポロ計画に使われた巨大ロケットのサターンVの質量比は数百以上だったといわれているし、スペースシャトルも打ち上げ時の総重量は二三〇〇トンに達するが、途中で二基の固体燃料ブースターを切り離し燃料タンクを放棄するので、最終的に軌道上に運び出せる正味のペイロード（必要とする本体）の重量は三〇トンそこそこ――つまり質量比は八〇に近い――のである。

　これらの事情によって、ロケットの打ち上げにはとてつもない費用がかかるのである。スペースシャトルの打ち上げに必要な金額がどのくらいのものなのか、正確なところは不明であるが、たとえば一九九一年には、九回の打ち上げのための経費だけでおよそ二九億ドルが計上されている。一回につき三億ドル強である。日本円になおすと三三〇億円という巨費だ。

　しかも、これは表向きの直接経費だけであり、実際にはその数倍はかかっているはずだという試算もある。スペースシャトルの場合、かならずパイロットが二人搭乗するため、なおさら経費は割高とならざるを得ない。シャトル計画を推進するか否かが議会で審議されていたころ、NASAはさかんに、再利用できる打ち上げシステムによって打ち上げコストが激減することを宣伝し、そのためアメリカは従来形のロケットの運用を廃止してシャトルに一本化してしまった。

ところが、これがたいへんな誤算であった。実際、通常のロケット以上にコストがかかる——と非難する人もいるくらいである。

そもそも、ありきたりの通信衛星を一つ打ち上げるのに、巨大な有人宇宙船を飛ばす必要などまったくないはずである。宇宙計画に国民の関心をつなぐためNASAも必死だったとはいえ、結果的にはこれが、ただでさえ台所の苦しいNASAをさらに大きく逼迫《ひっぱく》させ、おまけにチャレンジャー号の悲劇的な爆発事故が重なって、アメリカの全宇宙計画を頓挫《とんざ》させる要因となってしまった。

その後、ふたたびアメリカは、スペースシャトルと使い捨てロケットとの二本立て体制に戻り、ローテク・ローコストの新型使い捨てロケットの開発にも力を入れている。

だが、ローコストとはいえ、大型ロケットはけっしてそれ自体安い買い物ではない。新幹線の車両一編成を、東京から博多まで一回走るごとに全部使い捨てていたら、JRは一か月もたずに倒産するだろうが、現在のロケットはこれと同じことをしているに等しいからである。

（2）燃焼による環境破壊も問題だ

コストの問題に加えて、もう一つ忘れてならないのが、ロケットのもたらす「環境破壊」である。

酸素と水素を混ぜて燃焼させたとき、あとに残るのは、原理的には、水蒸気だけである。NASAは、これを理由にシャトルによる環境破壊はほとんど起こらないと主張しているが、ここで問題になるのは、出発時の推力をますためにオービターの両脇につけられた二基の強力な固体燃料ブースターである。

今日一般に、固体燃料ロケットには、合成ゴム系の燃料に、燃焼効率をあげるためのアルミニウム粉末を混ぜたものが使用されており、これが燃えるとむろん大量の有毒ガスが出る。

固体燃料でなくとも、水素以外の液体燃料を使えば、同様に膨大な量の汚染物質を残していくことは言うまでもない。それに、大型液体燃料ロケットの発射台では、打ち上げ時に大量の冷却水が噴射されるが、これがじかにガスと混じり、半径一キロメートル以内は一時的に強酸性の蒸気に包まれる。

燃焼中のシャトルの固体燃料ブースターが排出する汚染物質の総量は、たとえば地表から一三キロメートルの高度までで塩化水素が一〇三トン強、その他の塩化物が一二トン強、窒素酸化物が六トン強、二酸化炭素が二三〇トン弱、アルミの粉末が六六トン前後と、相当なものになる。

打ち上げ地点から風下側へは、半径二二キロメートルまでこれらの物質が直接ふりかかることになり、五キロメートル以内では木の葉が変色したり、沼の水質が悪化して魚が棲《す》めなくなるという話である。

ブースターが切り離されるまでに成層圏にばらまかれる塩化水素は、分解して塩素ガスとなり、オゾン層を破壊する。スペースシャトル一回の打ち上げにつき、どのくらいのオゾンが破壊されるかについては、人によって見積り値にかなりのばらつきがあるが、ロシアの発表した最大の数値によれば、一回あたり一〇〇〇万トンにのぼるとも言われる。

いまのところはまだ、アメリカ一国だけにかぎった場合、シャトルの打ち上げ回数は年九回、タイタンⅢやⅣのような大型液体燃料ロケットの打ち上げも五、六回程度ですんでいるが、いずれ宇宙ステーションが建設され、それを足掛かりに新しい宇宙計画が始まったり、商用打ち上げが増加していけば、環境破壊のレベルも急速に悪化していくだろう。

さらに二一世紀以降、人類の宇宙進出の流れがもはやとめどのないものになったとき、もしわれわれがまだ化学燃料のロケットに頼っていたとしたら、地球の成層圏は壊滅的なダメージを受け、人類の健康は損なわれ、各国の経済もその負担に耐えきれなくなるにちがいない。

以上のような理由で、われわれが遠い将来、地球の重力場のくびきを脱して宇宙に進出し、宇宙を開拓し、そして真の宇宙文明を確立するためには、現在のロケットのもつこれらの欠陥とは無縁な、まったく新しい宇宙交通機関を実用化することが、必要不可欠となるのである。

そして、われわれの求めるすべての条件を満たしてくれる可能性のある、究極の宇宙交通機関こそ、本書でこれから述べる「軌道エレベーター」なのである。

1・2　それは極端に細長い人工衛星だ！

軌道エレベーター……？

それっていったい何だろう？

おそらく、「軌道エレベーター」という言葉をきいてぴんとくる人は、ほとんどいないだろう。

高層ビル用の特殊なエレベーターのことだろうか？

それとも、軌道を走る新機軸のエレベーターのことだろうか？

……などと首をひねる人のほうが多いにちがいない。

しかし、そうではない。

それは、ビルのエレベーターなどとは無縁な、宇宙規模の雄大な建造物なのだ！

「軌道エレベーター」とは、ロケットよりもずっと能率よく、人間や施設を宇宙に運びだすことのできる、地表から宇宙へと向かって伸びる超特大エレベーターのことなのである。

卑近な例で申しわけないが、図1・3のように、屋根にのぼるにしても、人が跳び上がるよりは梯子をかけてのぼる方がずっと楽である。ロケットが「人が跳び上がる」ことに相当し、宇宙に向かう軌道エレベーターが「梯子をかけてのぼる」ことに相当するとしたら、それはもちろん、梯子――エレベーターのほうが便利にきまっている。

しかし、いったいぜんたい、宇宙にまで昇っていけるようなエレベーターなんてできるのだろうか……？

地表ですべてを支えるタワーを造るとしたら、どえらいことになるのではないか？基部は富士山を越える大きさになるかもしれない。いや、それでも宇宙にまでは無理ではないだろうか？

それに、そもそも「軌道エレベーター」の「軌道」とは、何を意味するのだろうか……？

このような疑問がつぎつぎに浮かんでくるにちがいない。

これらの疑問におこたえするために、まず、静止衛星について簡単におさらいする必

図1・3　屋根に上がる2つの方法。梯子のほうがずっと楽である

要がある。

(1) 脱出速度と静止衛星の話

いま仮に、われわれが地球の赤道上に立ち、水平線に向かってボールを投げたとしよう。ボールは、途中で何も力が加えられなければ、そのまままっすぐに飛んでいこうとするだろう。しかし、ボールには地球の引力がはたらいているため、すぐに下向きに曲がり、地面にぶつかってしまう。

これが通常のばあいである。しかし、もしスーパーマンがいたとして、投げる速さをしだいに大きくし、ついには、ボールの下方への曲がり方と地球の表面の曲がり方とが一致するようになるまでスピードアップしたとすると、ボールは、地表にぶつからずに地球を一周するようになるにちがいない。

一周してもとの位置に戻ってきたボールは、またそのまま、二周めにはいるだろう。そして、山への衝突や大気の抵抗などさえなければ、永遠に地球の周囲を廻《まわ》りつづけることになるだろう。

こうなるときのスピードは、前節で述べた脱出速度の一一・二キロメートルよりもやや遅く、毎秒七・九キロメートルほどである。これは海面すれすれの円軌道速度である。もし、もっと高空から投げだすとすると、重力場にさからって高空に持ち上げるためのエネルギーは必要だが、速度はもっと遅くてもよく、一周する時間も長くなり、大きな円軌道を描くようになる。

必要とする高度で人工の物体をこのような軌道で周回させたもの——それが、人工衛星である。

ここで、衛星の軌道についてのごく簡単な三つの基本式を記しておこう。それらは、これから述べる軌道エレベーターの原理を正確に理解するうえで必要な式である。

第一は、前記の円軌道を得るために必要な速度をあらわす式である。また第二は、前節ですこし触れた、地球の重力場を脱出するのに必要な速度をあらわす式である。第三は、太陽系から他の恒星にまで旅行するのに必要な速度である。

それらの式は、つぎのような形をしている。

① **地球をめぐる円軌道速度**

$$v_o = \sqrt{\frac{\mu}{r}} \qquad (1\cdot2)$$

② **地球からの脱出速度**

$$v_e = \sqrt{\frac{2\mu}{r}} \qquad (1\cdot3)$$

③ **太陽系からの脱出速度**

$$v_s = \sqrt{\frac{2\nu}{R}} \qquad (1\cdot4)$$

ただしここで、rは地球の重心からの距離であり、Rは太陽の重心からの距離である。

μは地球の質量からきまってくる量で、地心重力定数と呼ばれており、

$$\mu \fallingdotseq 3.986 \times 10^{14}$$

である。

また ν は太陽の質量からきまってくる量で、

$$\nu \fallingdotseq 1.327 \times 10^{20}$$

である。

円軌道を得るための速度 v_o の向きは、円の接線方向でなければならないが、脱出速度 v_e や v_s の向きは、理論的にはどういう方角でもよい。接線方向でもいいし、それと直角な向きに発射してもいい。いずれにしても、この速度があれば地球重力圏や太陽重力圏から脱出できる。

ここで数値的な例をあげてみよう。

地球の赤道半径は六三七八キロメートルなので、赤道の海面すれすれのところの円軌道速度は、式（1・2）で $r = 6378000$ とすれば求められ、結果は、

$$v_o \fallingdotseq 7.9 \text{ km/秒}$$

となる。

同じ位置で速度をこれよりも大きくすると、軌道は円から楕円にうつる。そしてさら

に大きくすると、放物線軌道になり、もはや同じ点には戻ってこなくなる。すなわち地球の重力場を脱出して、太陽の周囲をめぐる人工惑星に変身する。このギリギリの速度が、式（1・3）であらわされる脱出速度である。

前述の例とおなじく赤道の地表すれすれのところから発射するとすれば、その大きさは、式（1・3）で $r = 6378000$ として、

$$v_e \fallingdotseq 11.2\ \mathrm{km/秒}$$

となる。

太陽系からの脱出速度は、地球と太陽の距離（約 1.5×10^{11}）を代入して、

$$v_s \fallingdotseq 42.1\ \mathrm{km/秒}$$

である。ただし、地球それ自体がかなりの速度で運動しているので、ロケットの向きによって、地球からみた実質的な脱出速度は、かなり違ってくる。

宇宙ファンに馴染みのふかい言い方として、宇宙速度という表現がある。それは、前述の具体例で求めたもので、

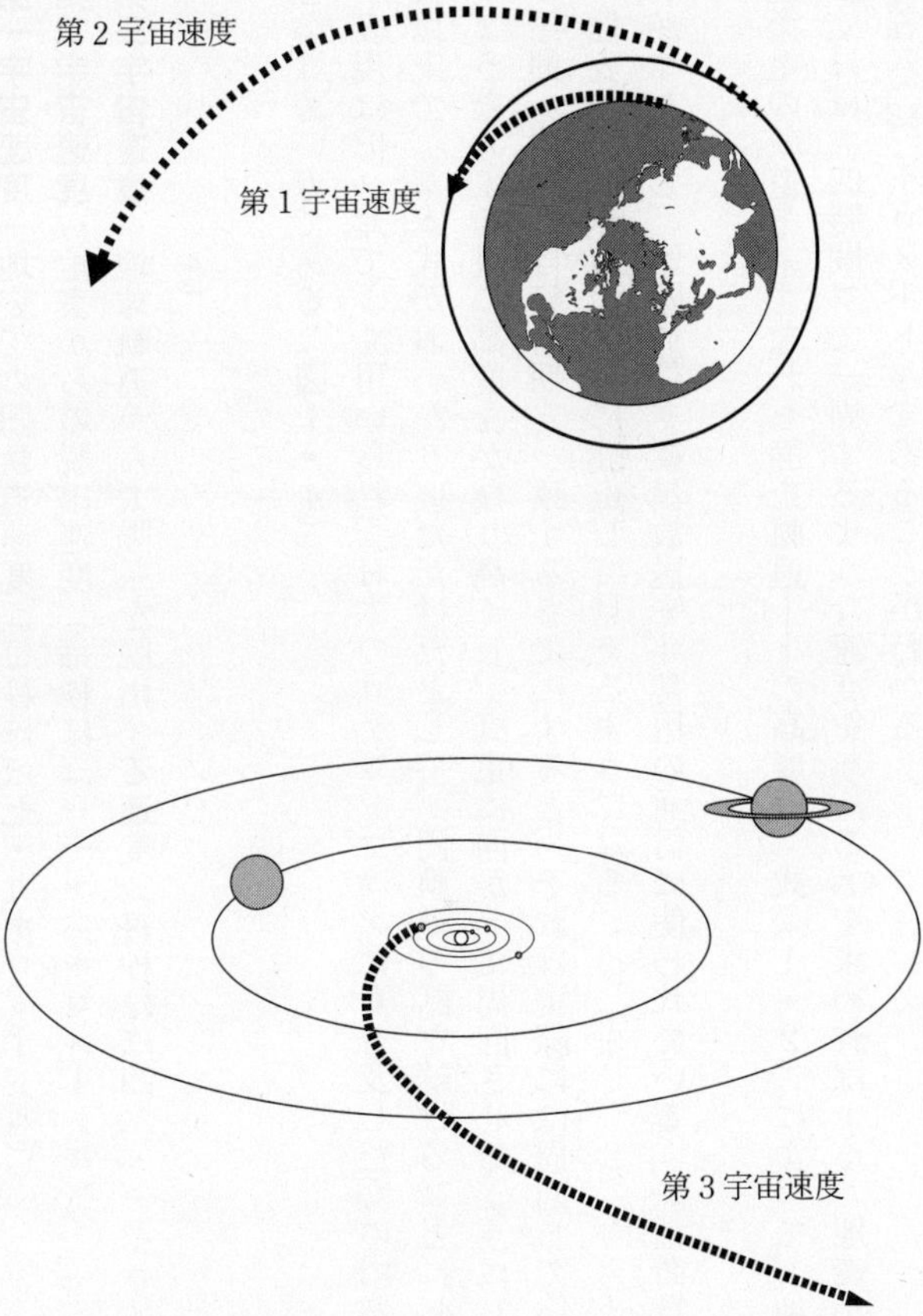

図1・4　3種類の宇宙速度

第一宇宙速度：地表での円軌道速度（毎秒ほぼ七・九キロメートル）
第二宇宙速度：地表からの脱出速度（毎秒ほぼ一一・二キロメートル）
第三宇宙速度：地球軌道から太陽系を脱出する速度（毎秒ほぼ四二・一キロメートル）

——という言い方である（図1・4）。

この表現は旧ソ連でよく用いられ、日本のロケットファンにも普及したものである。

さて以上で、基本式がおわかりいただけたとして、円軌道の話を続けることにしよう。

このような人工衛星の高度をかなり高くし、真東に向かって周回させるようにし、円軌道の周期が地球の自転周期と一致するまでにすると、それは実際には周回しているのだが、地表からは赤道の上空に静止して見えるようになる。

これがすなわち、国際通信や衛星放送や非常用の通信に使われている「静止衛星」である。

静止衛星の軌道——すなわち静止軌道——の高度は、式（1・2）によって、地球の一回転（ほぼ二四時間）で一周するような速度を与えるrを求めればよく、地表からほぼ三万五八〇〇キロメートルであることがわかる。

ところで、なかなか理解しにくいことなのだが、静止衛星にかぎらず人工衛星のなかでは、地球の重力場はほとんど感じることがない。外からみればそれは、はたらいてはいるのだが、衛星はそれに逆らって運航しているわけではなく、むしろそれにしたがって落ちつづけているからである。

落ちつづけているのに地表に落下しないのは、前記のように、落ちる方角に曲がる軌道が、地球の表面の曲がりに沿っているからである。

衛星の内部での見方としては、それは、地球の重力場による引力と衛星が周回していることによる遠心力とが釣り合っているから——として理解することもできる。

だから衛星の高度は、引力＝遠心力という式からも求めることができる。それは式（1・2）による計算と結局は同じことを意味しているのであるが……。

(2) そこでいよいよ軌道エレベーターだ！

さて、静止衛星の原理がわかったところで、ひとつの壮大な空想を宇宙に展開してみよう。

一つの巨大な静止衛星を考える。

そしてまず、そこから地球に向けて丈夫で長いケーブルを繰りだす。それだけだと重心（ここでの重心とは引力と遠心力が釣り合う点）が狂ってしまうので、釣り合いがとれるように地球とは反対側の宇宙に向けても、同様にケーブルを繰りだす。

地球に向いたケーブルは重心より下にあるので、そこには地球の引力が強くはたらいて、真下に引っ張られる。また反対側のケーブルには、遠心力が作用して、逆の側に引かれる。結果としてケーブルは両方向とも、ピンと張ってまっすぐになるだろう。

つぎに、図1・5のように、両方向のケーブルの長さを思いきって長くしていく。一キロメートル、一〇キロメートル、一〇〇キロメートル、一〇〇〇キロメートル……といったぐあいに、である。

すると、ついには、地球を向いたケーブルの先端が、地表にとどいてしまうにちがいない。

しかしそうなったとしても、ケーブルと本体を含めた構造が静止衛星であることにはかわりがない。いくら長くてもそれは、あくまでも、地球の自転に合わせて周回する静止衛星である。

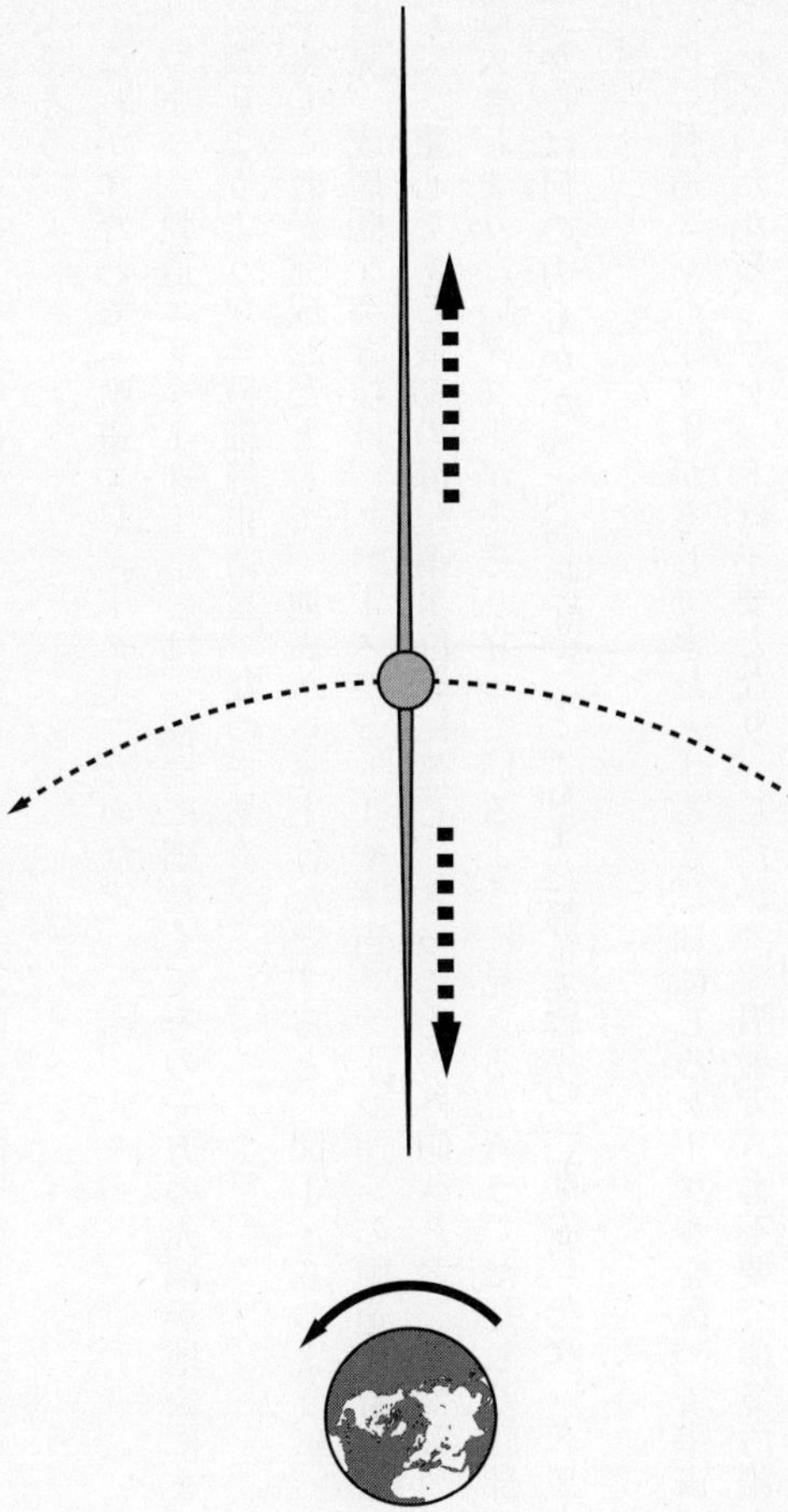

図1・5　縦長静止衛星を建造する

ここでもし、ケーブルが桁はずれに太くて丈夫で、ケーブルのなかを乗り物が上下に運航できるほどのものにできたとしたら、まさにそれは、宇宙へのエレベーターになるであろう。

これがすなわち「軌道エレベーター」なのだ。

つまり「軌道エレベーター」とは、極端に細長くてその一方の先端が地表にまでとどいてしまうような「極細静止衛星」なのである。

もしこれが完成したとして、地表から見上げたとすると、図1・6のように、雲を下に見、成層圏を突き抜け、スペースシャトルや宇宙ステーションの軌道をもはるかに超えて、重心である最初の静止衛星位置に達し、さらにその外側へとどこまでもつづく、雄大きわまりないタワーがそそり立っているように見えるだろう。ただし基底部には地表からは何の力もかかっておらず、そこもまた静止衛星の一部でしかないタワーが……！

この軌道エレベーターがもしできたとすると、なにしろケーブルを伝って宇宙へ昇っていくのだから、ロケットは不要となり、したがって噴射ガスも不要で環境汚染の問題もなくなり、できたあとの打ち上げコストは極端に安価になるだろう。宇宙からの帰路もまた同様にじつに楽なものになるだろう!!

図１・６　軌道エレベーターの完成想像図

(3) エレベーター・カーとエネルギー回収の原理

さらに、この軌道エレベーターには、宇宙へ昇るために使ったエネルギーをあとで回収できる——という大きな利点がある。

その説明をするにあたって、前例のないこの交通機関の用語を仮にきめておかなくてはならない。

一般のビルなどのエレベーターについては、地下から屋上までの装置も、そのなかを上下する箱も、あまり区別しないでエレベーターと呼ぶことが多い。

しかし本書では、多くの文献に準じて、構造物全体のみを「軌道エレベーター」と称している。したがって、そのなかを昇降する乗り物については、別の名前をつけておかないと話が混乱する。

後述する発案者のアルツターノフは「エレクトリック・ヴィークル（電動車）」と呼んでいるが、ちょっと長すぎるので、ここではとりあえず、「エレベーター・カー」と称しておくことにしよう。

たぶんそれは、何らかの電磁気的な力で昇降することになるだろう。そしてそのなかには、人や装置だけではなく、おそらく、地球重力圏を脱して宇宙に向けて出航する宇宙船も、積みこまれていることだろう。

さて、軌道エレベーターのなかを昇降するエレベーター・カーが上昇するときには、重力場による引力にさからうので、たしかにエネルギーを必要とする。しかし、降りるときはその逆で、エネルギーを得ることができる。より厳密にいうと、昇りに使った電磁的エネルギーは位置エネルギーという形でエレベーター・カーに蓄えられ、それが帰路に重力場によって再利用可能な電磁的エネルギーになって戻るのである。

これがエネルギー回収の原理である（これに似た原理は新幹線などでも用いられている。ブレーキをかけるときに電気エネルギーを回収するのである）。

(4) 噴射なしの地球重力圏脱出

もうひとつ、この軌道エレベーターには、ロケットではとても考えられない夢のような機能が備わっている。

それは、重心から地球とは逆の側に——つまり宇宙の側に——エレベーターが長く伸びている場合、その先端から空間に放たれて自由になった宇宙船は、噴射の助けを借りなくとも、地球を脱出するにたる十分な速度（つまり第二宇宙速度）、さらには太陽系を脱出することすら可能な速度（つまり第三宇宙速度）をもらって、飛びだすことができる——という力学的性質である。

簡単な計算でわかることだが、地球重心からの距離 r が大きくなればなるほど、接線速度はそれに正比例して増大するが、脱出速度は r の平方根に反比例して小さくなっている。だから、静止軌道からさほど遠方まで行かなくとも、軌道エレベーターの速度（接線速度）は脱出速度を上まわるようになり、そこから放たれた宇宙船は噴射なしで地球重力圏脱出が可能となるのだ。

軌道エレベーターの周回方向の接線速度 v_t は、地球重心からの距離 r によって違うが、それは、

$$v_t = 7.292 \times 10^{-5} r \qquad (1\cdot5)$$

であらわされる。

接線速度と脱出速度がちょうど同じになる位置は、式（1・3）と式（1・5）を等しいとおけば求めることができ、高度四万六七〇〇キロメートルぐらいのところ（静止

軌道よりも一万一〇〇〇キロメートルほど上）なので、これより遠くまで軌道エレベーターを伸ばせば、そこから放たれる宇宙船は、噴射をまったくしなくとも、楽々と脱出速度を得て、他の惑星まで旅行ができる――という寸法なのだ。

重力圏脱出可能臨界高度＝４万6700 km

は、軌道エレベーターを実際に建造するさいにとても重要となる数値なので、覚えておいていただきたい。

さて、ここまでは速度によって説明してきたが、宇宙船を飛ばす「力」という観点から前述のことがらをみると、それはまさしく「遠心力」の利用にほかならない。

その原理は、ヒモの先に重りをつけて、それを振り回すことを考えていただくと、とてもわかりやすい。回しながら手に握っていたヒモを放すか、または重りを切り離すかすると、重りは遠方まで飛んでいく。これが、軌道エレベーターの先端から宇宙船が飛び出す原理でもあるのだ。ハンマー投げの類推で理解していただいてもかまわないだろう。

参考までに、地球の重力場による引力f_gと、回転による遠心力f_cの式を記しておこう。

地球重力場による引力

$$f_g = -\frac{\mu m}{r^2} \quad (1 \cdot 6)$$

回転による遠心力

$$f_c = m\omega^2 r \quad (1 \cdot 7)$$

——がそれである。

μは式（1・2）や式（1・3）で説明した地心重力定数であり、ωは回転の角速度（毎秒一回転の場合に2πとなる量）であり、mは質量である。マイナスの記号は、内側に向かう力であることを示している。

この二つの式から、引力は地球から離れるほど急速に小さくなるが、遠心力は逆に増加することがわかる。したがって、この二つが釣り合う静止軌道から外側へゆくと、外に向かって作用する遠心力が圧倒的に大きくなるのだ。

軌道エレベーターの先のほうにいる人にとっては、だから、とても強い外向きの力がすべてのものに作用するように感じられ、その力によって宇宙船が脱出速度を得て発進するように思えるのである。

地球を遠く離れた場所から観察していると、放たれた宇宙船は、周回する軌道エレベーターの先端と同じ速度で、先端が描く円の接線方向に飛翔し、ゆるやかなカーブを描きながら、宇宙の彼方へと消えていくように見えるだろう。

一方、これを軌道エレベーターのなかで観測していると、エレベーターの軸の方角に遠心力によって飛びだし、やはりゆったりとしたカーブを描いて虚空に消えていくように見えることだろう。

アメリカ空軍航空力学研究所のジェローム・ピアソンが一九七五年に発表したモデルの場合、末端の高度は地表から一五万三二八キロメートルに達し、そこから外側に放たれた物体の速度は、秒速一一キロメートルになる。

この速度は、この位置での地球重力場からの脱出速度の五倍ちかくにも達しており、噴射なしに他の惑星に達することが十二分に可能な超高速である（飛び出す宇宙船が得る運動エネルギーは、物理的に厳密に考えると、地球の自転からもらっていることになる。しかし、それによる地球の自転の遅くなり方は、まったく無視できるほどわずかなものである）。

(5) 横に寝てしまわないだろうか？

ここで、物理好きな読者がいだくかもしれない疑問について答えておきたい。それは「軌道エレベーターは横に寝てしまわないのか？」という——まことにもっともな——疑問である。

一般に人工衛星が地球を周回する周期は、高度が低いほど小さい。これは式（1・2）から明らかである。

つまり衛星が空をはしる速度（角速度）は、低高度ほど大きいのだ。だとすると、図1・7のように、軌道エレベーターの低い部分は速く動こうとし、高い部分は遅く動こうとし、したがってエレベーター全体は横に寝てしまうか、またはバラバラになってしまうか、するのではないだろうか……？

ちょっと考えると、そうなりそうにも思える。事実、そういう論文を発表して「軌道エレベーター不可能説」を唱えた人もいる。

しかし、軌道エレベーターに作用する力をよく考えてみると、真の意味での引力は、地球の重力場による式（1・6）の力（地球重心からの距離の二乗に反比例する力）の

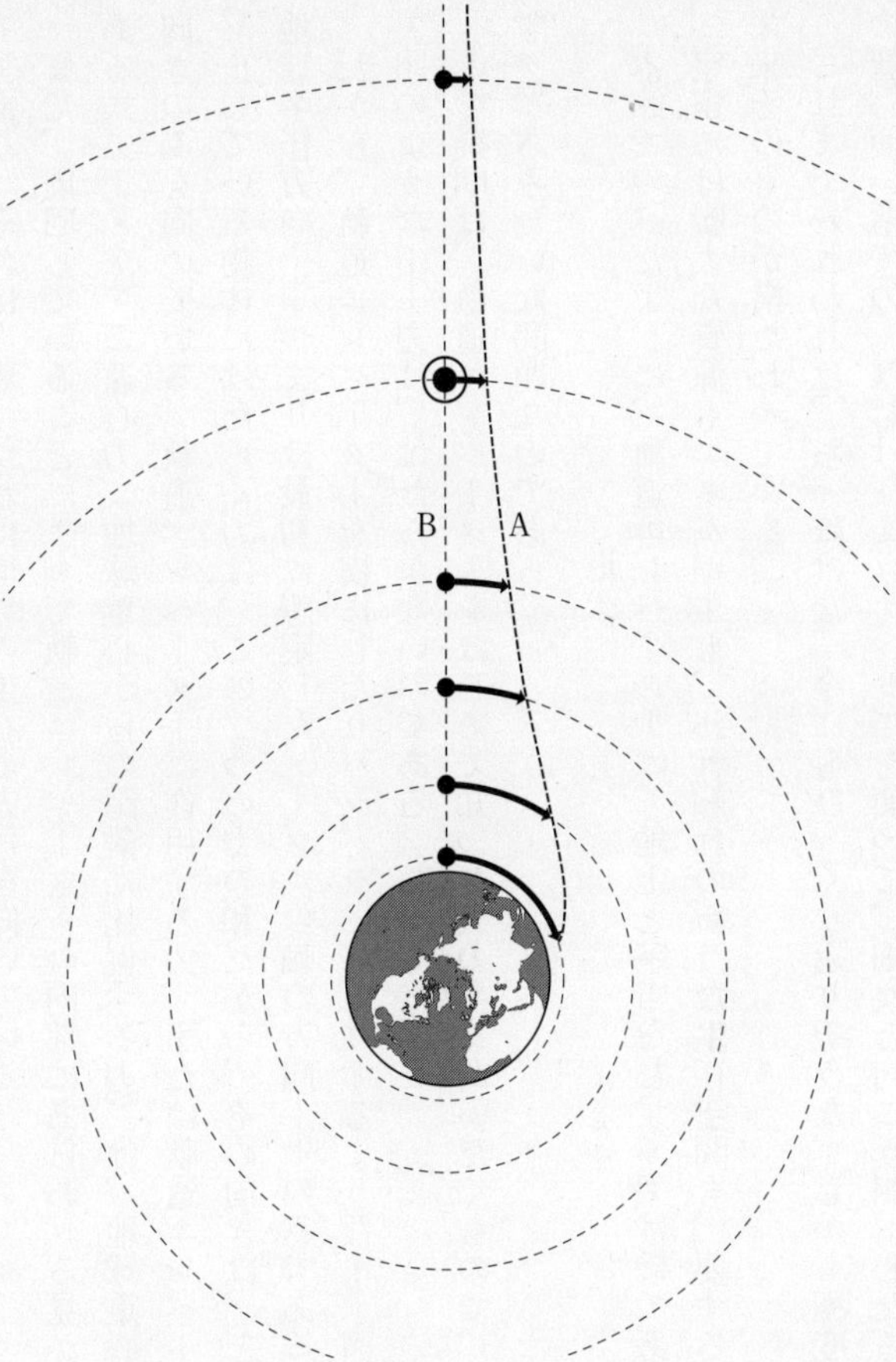

図1・7　速度差で傾くかバラバラになる?
A のようになると思えるが、そのような力は作用していないので B のままである。

みであり、それは当然、つねに地球の重心の方角を向いている。

また、周回していることによって軌道エレベーターの内部にあらわれる見かけの力である式（1・7）の遠心力（地球重心からの距離に比例する力）は、地球重心と反対の向きのみを向いている。軌道エレベーターに作用する力、または軌道エレベーター内に静止している物体にはたらく力は、この二つの力の和だから、その向きは、とうぜん、地球半径方向——つまりは最初に想定したケーブルの軸の方向——のみである。

だから、軌道エレベーターを横にしたりバラバラにしたりするような——図1・7の矢印のような——力は、はたらかないのである。

この疑問は、軌道エレベーターをはじめて知った人の多くがいだくもので、一種の力学クイズみたいな問題なのである。


本節でのべたように、軌道エレベーターは、地上と宇宙をむすぶ架け橋である。宇宙には膨大な資源もエネルギーも、われわれの新たな生存空間も、要するに人類の未来そのものが横たわっている。

これまでわれわれは、ちっぽけな、今にもひっくり返りそうな、しかも極度に経済性の低い使い捨ての〝はしけ〟（ロケット）を使って、細々と向こう側へわたる試みを続けていただけだった。

しかし軌道エレベーターは、地上と宇宙とのあいだに横たわる、重力井戸という深淵をほとんどエネルギーなしに乗り越えることのできる、人類が考えだした最初の、そしてたぶん唯一の恒久的建造物であり、〝はしけ〟にかわる〝架け橋〟である。

「軌道エレベーター」が完成してはじめて、人類は本当の意味での宇宙進出を果たすことができると言えるだろう。

1・3　軌道エレベーターの起源とSF界への進出

(1)　神話と伝説と「創世記」

軌道エレベーターは、地表から見上げると、宇宙に向かってそびえ立つ巨大な塔のように眺められるかもしれないが、力学的にはあくまでも地球の周囲をめぐる極細の人工衛星である。

これとは逆に、赤道上から真上に向かって高い高い塔を建造していっても、目的の達成は不可能ではない。だがそのためには、現在の最高規模の高層建築物のじつに一〇万倍以上もの高さの塔をつくらねばならず、その実現は軌道エレベーターよりずっと困難だといわれている。

地上の人間界と天界とをむすぶ架け橋としての巨塔――というイメージは、人間の想像力の根源的な部分で世界の民族に共通するものがあるらしく、『旧約聖書』に出てくるバベルの塔（図1・8）、北欧神話の世界樹ユグドラシルなどがあるし、またヨーロッパに広く行きわたった伝承民話「ジャックと豆の木」もその一種と言えるかもしれない。

『古事記』や『日本書紀』の日本神話には天と地を結ぶ話がいくつかある。

遙か昔、伊弉諾尊《いざなぎのみこと》と伊弉冉尊《いざなみのみこと》が天照大神をお生みになって、「天の御柱」によって天上界に送り届けた――という記述がある。

その天上世界でお生まれになった天孫〈瓊瓊杵尊《ににぎのみこと》〉が、天照大神や高木神のおおせで、地表に降臨なさるとき、「天の道」をとおって下り、「天浮橋」をへて日向の高千穂の霊峰にお立ちになったとされる。

さらに『丹後風土記』に面白い話がある。

伊弉諾尊が伊弉冉尊を訪ねて天から地下にお降りになるが、そのためにお作りになった巨大な梯子が倒れて、日本三景の一つ、天橋立になった――という伝説である。

日本神話にも天空から地表までの道はいくつも想定されているのである。

このように、地上からそびえ立って天上界に達する塔については、多くの物語がある

図1・8　天界への夢『バベルの塔』（ペーター・ブリューゲル、ウィーン、美術史美術館蔵）

が、軌道エレベーターのように、天から吊り下げられたような形の構造物を伝って天に昇るという話は、そう多くはない。

軌道エレベーター研究者たちのあいだでは、『旧約聖書』の「創世記」に出てくるイスラエル民族の始祖、ヤコブの物語に登場するものが、このコンセプトの起源であるとされている。

ヤコブは詭計《きけい》を用いて兄エサウから相続権を奪いとり、逃亡する途中、ベテルの野で野宿をした折、夢のなかで「天と地を結ぶ長いはしご」を天使たちが昇り降りしている情景を見た。このはしごは、明らかに地上から立てたものではなく天から吊り下ろされたものであること、実際にそこを天使たちが昇り降りに使っていることなどから見ても――多少の無理はあるものの――まあ、この主張に一理ないわけでもない。

ちなみに、現在、英語で「ジェイコブズ・ラダー」と言えば縄梯子を意味するが、その語源はここにある。そして、後の章に登場する、低軌道から吊り下げる簡易式軌道エレベーターのなかには、まさしくこの名で呼ばれるものがあるのだ。

(2) 宇宙工学の始祖ツィオルコフスキーの構想

さて、これら神話伝説のレベルで語られるものを別にすれば、軌道エレベーターに近い概念を初めて科学的に考察したのは、ロケットの祖として世界中のロケット工学者やロケット愛好家の尊敬を集めている、ロシア〜ソ連の物理学者コンスタンチン・エドゥアルドビッチ・ツィオルコフスキー(一八五七〜一九三五)である。

ツィオルコフスキーは、一八九七年、「ツィオルコフスキーの公式」として知られるロケット推進の基本公式を発表し、一九〇三年には、多段式液体燃料ロケット(しかも液体酸素/液体水素ロケット)を用いた宇宙飛行の可能性を説いた、偉大なパイオニアである。

むろん彼の活躍していた時代には、これらの構想を具体化できるだけの技術は存在していなかったので、彼が紡ぎ出したのは、正確な理論にもとづく「未来への夢」であった。

そして彼をそのような「夢」に駆りたてたのは、ほかでもないフランスのSF作家、ジュール・ヴェルヌの諸作品だったと言われている。

近代SFの源流はさまざまな作家や作品に求めることができるが、少なくとも、サイエンス・フィクションという観点からSF史をとらえた場合、ヴェルヌがその流れのもっとも重要な源泉に位置する一人であることは、まちがいないだろう。ヴェルヌの作品はつねに、当時の科学技術が到達した最新の研究成果にもとづく緻密《ちみつ》な科学考証をそのバックボーンとした空想の産物であり、これが彼の作品に比類のないリアリティを与えている。

ツィオルコフスキー自身、自分が宇宙旅行の夢を真剣に考えるようになったきっかけはヴェルヌの『月世界旅行』を読んだことである——とはっきり述べており、彼もまた、自分の夢を語るにあたって、小説、あるいは小説風エッセイという形式を何度も選んでいる。

一八九五年、このような作品の一つとしてツィオルコフスキーが発表した小説風エッセイ「空と大地の間、そしてヴェスタの上における夢想」のなかで彼は、次のような驚くべき思索を展開した。

いま仮に、赤道上からまっすぐ天に向かってどこまでも伸びていく塔を建てたとしよう。この塔を登っていく人は、地表から離れるにしたがって、しだいに体が軽くなるように感じるだろう。

むろん、地球から遠ざかれば、それだけ地球の重力場が弱まるのは当然だが、ただそれだけなら、場がゼロになることはあり得ないから、どこまで登ってもわずかながら必ず地球の引力は感じられ、体重はゼロにはならないはずだ。

しかし、地球は自転しているため、塔そのものも先端に近い部分ほどより大きな速度で運動し、その遠心力によって引力がしだいに相殺されていく。そして、赤道上空およそ三万六〇〇〇キロメートルにまで達すると、そこでは引力と遠心力が完全に釣り合ってしまう。したがって、この高度に建設された宇宙ステーション「天空の城」のなかの人間は、体重が完全にゼロになったかのように感じることだろう。

ここでツィオルコフスキーが構想したものの想像図が図1・9左であるが、それこそまさしく、静止軌道ステーションと地上をむすぶ架け橋にほかならない。

それが地上から建てられたものだ――という点さえ問題にしなければ、その力学的描写は完璧で、一分の隙もない。もし、ここからツィオルコフスキーが発想を逆転させて、静止軌道ステーション側を土台に、そこから塔を吊り下げていくことに思いいたれば、軌道エレベーターに関するアイディアのすべてのプライオリティは彼が独占していたはずである。

だが、残念ながらこの後ツィオルコフスキーは、自分が考案した、（その時代から見

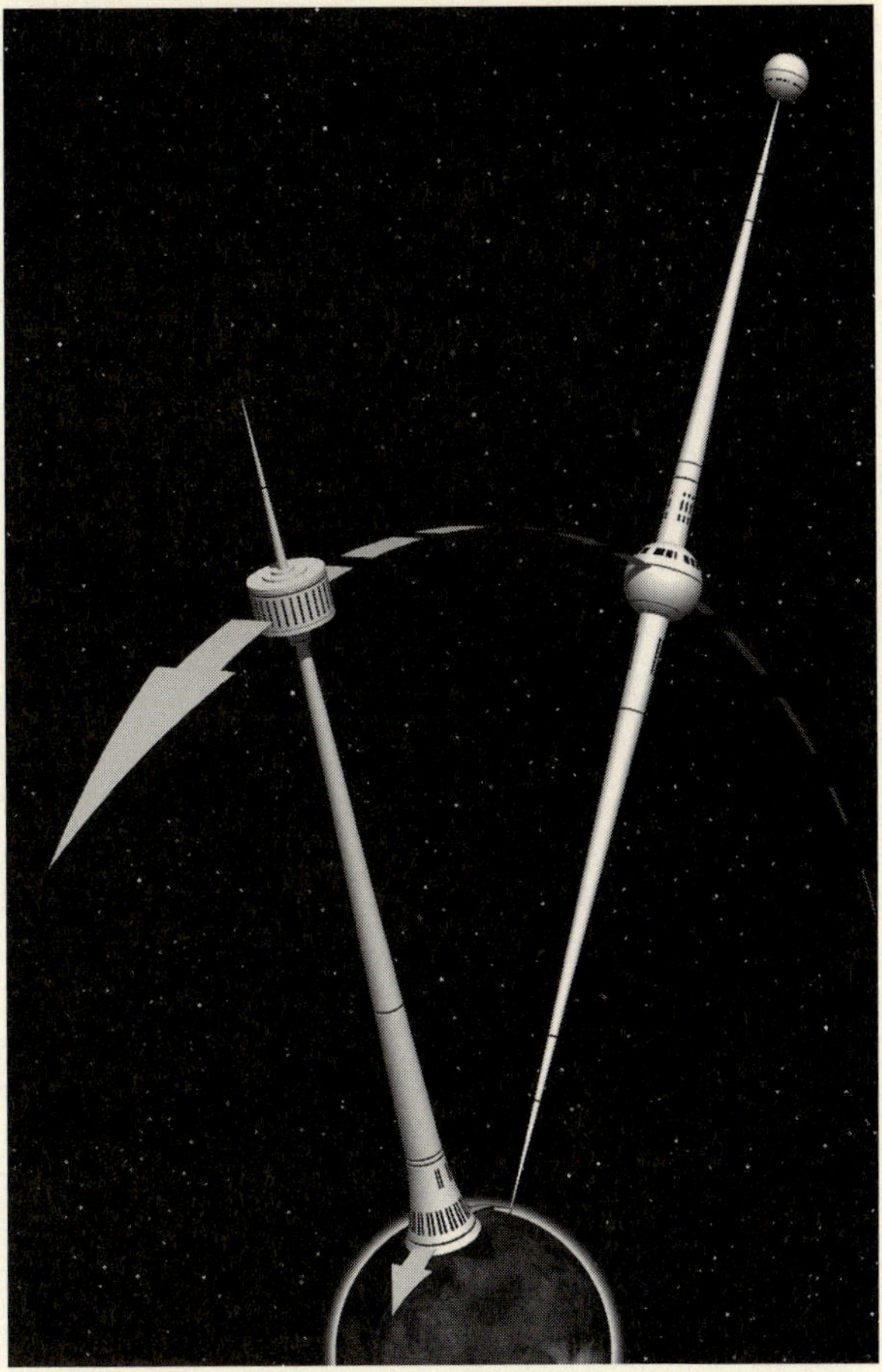

図1・9　ツィオルコフスキーの塔（左）とアルツターノフの軌道エレベーター（右）

た）近未来で実現性のある唯一の宇宙交通機関、すなわちロケットの研究に没頭してしまい、これ以上この方面の思索を進めることはなかったらしい。

しかし、彼の蒔《ま》いた種はむだにはならなかった。

(3) 軌道エレベーター登場す——アルツターノフの構想

ツィオルコフスキーの著作は、一九五九年、ツィオルコフスキー全集にまとめられて刊行されたが——おそらくはこれに触発されて——その同じ年、いよいよ世界初の軌道エレベーターの構想が姿を現すのである。

この年、レニングラード工科大学の学生だったユーリー・アルツターノフは、現代の新素材を用いて、ツィオルコフスキーの考えた赤道塔のような建造物が実際につくれるかどうかという思考実験にとりくみ、次のような結論を得た。

まず、地球から離れれば離れるほど引力は弱くなるので、素材は一定でもより高い塔をつくることができるだろう。また、塔の太さを一定にせず、下の方ほど断面積を大きく、上に行くほど小さくすれば、理論上は静止軌道まででも塔を届かせることができるだろう。

　想像がそこまできたとき、彼はついに、ツィオルコフスキーも見落としていた逆転の発想にたどりついた。静止衛星軌道において、完全に赤道上の真上に停留していられるのなら、逆にここを起点にして地上側に塔を伸ばしていくこともできるではないか。そして、その方がはるかに実現可能性があるのではないか——と。

　もちろん、重心の高度を固定したまま全体のバランスをとるために、反対方向にもどんどん塔を伸ばさなければならないし、伸びるにしたがって大きくなっていく引力や遠心力に耐えるために重心位置を太く、そこから離れるほど細くする必要があるが、そういう構造がもしできるとすれば、十分な引張り強さを保てるはずだ。

　全体としては、図1・9右のように、高度三万五八〇〇キロメートルの部分でいちばん太く、両端へ向かうにつれてしだいに細くなる、紡錘状の建造物となるだろう。実際には、外側の部分の方がずっと長くなるから、もっとも太い部分は中心よりずっと下方になるだろう。

　さらに、アルツターノフは、静止軌道から外側の部分に投入された宇宙船が、そのまま大きな速度で投げ出され、安価な輸送手段となること、また、その運動エネルギーの一部を回収すれば、地上から次の荷物を静止軌道まで持ち上げるエネルギーもつくりだせること……などを指摘した。

これこそ、軌道エレベーターの原理上の必要条件を正確に示し、かつその利点のすべてを正確に指摘した、史上初の構想であった。

アルツターノフ自身は、この構想を正規の学術論文の形で発表するつもりはなかったし、またたしかに論文誌には発表しづらい種類のSF的なアイディアだったが、彼からこの話を聞かされた友人のジャーナリストが、そのアイディアの壮大さに魅了され、翌一九六〇年七月三一日、「コムソモルスカヤ・プラウダ」紙の日曜版の紙面の一部を提供して、アルツターノフに、短い読み物を書かせた。

「電車で宇宙へ」と題するこの記事こそが、軌道エレベーターのアイディアが世に出た最初のものとなったのである。

この記事は、同年アメリカの週刊科学雑誌『サイエンス』に翻訳・掲載されたが、残念ながら一般の注目を集めるにはいたらず、アルツターノフのこのアイデアを知らずに、その後何人もの西側の研究者たちが（それもまた、お互いの研究のことを知らずに）同様のアイディアを次々に発表し、プライオリティに関する混乱が生じ、ソ連側が西側の初期の研究者に盗作ではないかとのクレームをつける一幕にまで発展してしまったのだった。

日本では、SF雑誌『SFマガジン』（早川書房）がこの記事の重要性に注目し、一九六一年の二月号（一九六〇年暮れに出版、図1・10）に袋一平氏の訳で翻訳掲載した。日本は、恐らく軌道エレベーターという概念が世界でもっとも広く、一般的に行き渡った国ではないかと思われる。むろんその原因は多くの漫画、アニメ作品にそれが登場したからであるが、その土壌はかくも早い時期からSFファンのコミュニティ内で醸成されていたわけである。

ほんの三ページだけのものではあるが、この記事を読むと、アルツターノフがこの時点でどれほど科学的に正確で雄大な構想をすでにもっていたかがよくわかる。

彼の構想では、エレベーターは、単に静止軌道から両側に伸ばしたケーブルの重さだけでバランスをとるのではなく、宇宙側に伸びたケーブルのいちばん先端に大きな宇宙ステーションをとりつけ、その遠心力によって地球側の引力に対抗している（式（1・7）でわかるように、遠心力の大きさは、回転の中心からの距離に比例すると同時に、質量にも比例する。つまり質量の大きなステーションを造ると、それだけ軌道エレベーターに作用する遠心力は大きくなる）。

そのため、エレベーターの全長は五〜六万キロメートルに抑えることができる。この宇宙ステーションは、すでにその点での円軌道速度をかなり上回る速度で運動しており、

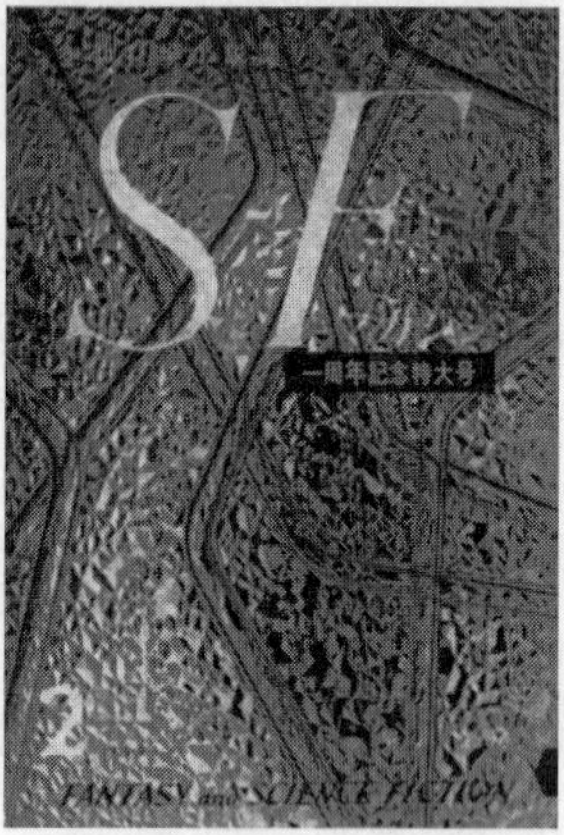

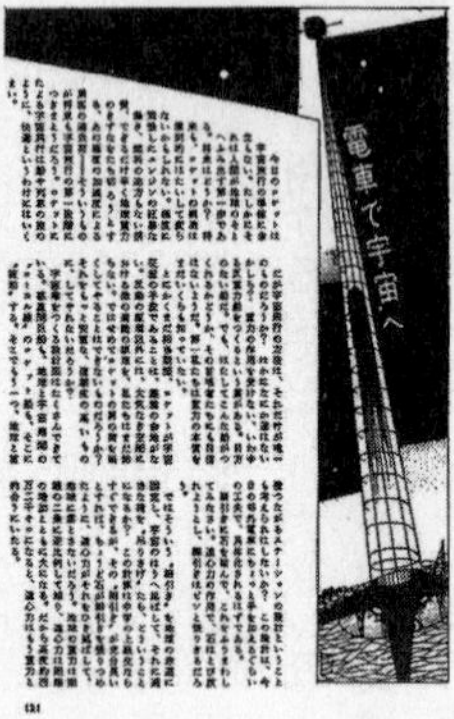

図1・10　アルツターノフの提案がロシア以外で最初に紹介された『SF マガジン』1961 年 2 月号

ここを発進する太陽系各方面行きの宇宙船は、発進時に燃料を消費する必要もなく、到着便はよけいな減速をしなくてもすむ。

高度六万キロメートルとすると、その位置では地球の重力場は地表よりずっと小さくなっているので、そこでの脱出速度（つまり他の惑星まで行きうる速度）は毎秒三・五キロメートル程度にまで下がっている。一方、ステーションが動いている速度は、四・八キロメートル程度にもなっているので、何の噴射もなしに、火星や金星まで飛翔するのに十分な速度が得られるのである。

ケーブル本体は、直径が先にいくほ

ど細くなる無数の高張力繊維を束ねたものからなる。高張力繊維は筒状に並べられ、したがってケーブルは中空になっていて、このなかをエレベーター・カーが昇降するのである。単一の太い中空ケーブルにしないのは、隕石の衝突などによる繊維の切断が起きても強度を維持するためでもある。

ケーブルの末端部は、重量を軽減するためにすかし編み状態となるだろう。また、このなかには伝導性の繊維も編みこまれ、ケーブル全体が電磁石の一種となるように設計されていて、電磁推進式のエレベーター・カーを通すための推進装置ともなっている。

エレベーター・カーは地上で乗客や荷物をのせると、電磁推進によって、加速を続けながらどんどん上昇していく。高度五〇〇〇キロメートルのところには途中停車駅があり、ここには、エレベーターに電力を供給する太陽発電所が設けられている。

ここから先は静止軌道までノン・ストップだ。加速を続けるうちに、エレベーター・カーの上昇スピードは秒速数キロメートルにもなる。電力供給と乗客の体力さえ許せば、中間点までずっと加速しっ放しで、残り半道を減速するという方法をとるのが、いちばん合理的な旅行法だ。

もちろん減速区間では地球の引力が手を貸してくれるから、電力は大幅に節約できる。仮に、高度一万八〇〇〇キロメートルまで一G（地表の重力による加速度と同じ値。ただし地球の引力があるので、地表近くでは二Gと感じる）で加速、残りを一Gで減速するとすれば、静止軌道までおよそ六二分、中間点での瞬間最大速度は毎秒一八・六キロメートルにもなる。現在の有人宇宙船ではとうてい考えられない高性能である。

ちなみに、一九九七年現在、月まで到達したアポロ宇宙船をのぞけば、静止軌道まで昇った有人宇宙船は一隻もないのである。

この先、アルツターノフの構想はまだまだ広がってゆく。

たとえば、月の地球側を向いた面から、まっすぐ地球に向かって軌道エレベーターを建てることも可能であると彼は言う。月表面から五万七〇〇〇キロメートルの一点を境に、そこより地球寄りでは地球の引力の方が大きくなるため、適当な大きさのバランス質量を先端にくっつけてやれば、つねに地球を向いたエレベーターが建設できるのだ。

言うまでもなく、月の引力は地球よりずっと弱いから、エレベーターそのもののテーパ比（太い部分と細い部分の寸法比……第2章で後述）は地球のそれよりずっと小さくてよく、エレベーター全体を軽量化できる。

そして、両者の長さを調節しておけば、地球側のエレベーターと月のエレベーターの先端は周期的に接触するから、うまくタイミングを測れば、地球から月まで直通のエレベーター・カーを走らせることもできるわけだ。

図1・11　史上初の軌道エレベーターのイラスト（ソコーロフ&レオーノフ “THE STARS ARE AWAITING US” (1967) より）

さらに、火星や水星（この時代、まだ水星の自転と公転は同じだと考えられていたので、アルツターノフが考えたのは太陽の方向へ伸ばされるエレベーターだった）、巨大惑星の衛星の上に建設されるであろうエレベーターについても彼は言及している（アルツターノフの構想が長いこと西欧諸国に知られないできたことは述べたが、じつは旧ソ連内部においても、この記事に注目する人は少なかったらしい。例外的に、図1・11のＳＦ画集に、軌道エレベーターの図が描かれているが、アルツターノフの文献は引用されていない。もっとも日本でも、前記『ＳＦマガジン』の記事に着目してその構想を発展させようとした人は、SF界にも科学技術界にも現れなかったようだ)。

(4) そのほかの提唱者

アルツターノフの記事によって、軌道エレベーターの性能や特色についてはもはや説明しつくされた観があるが、これ以降も、前に述べたように、主に英語圏の何人かの研究者たちがそれぞれ別個に、それも、ツィオルコフスキーの著作のようなヒントなしに、軌道エレベーターもしくはそれに類するアイディアを発表している。

その代表的なものに触れておこう。

一九六四年、イギリスのSF作家で、静止衛星を用いた世界通信網のアイディアなどの先駆的業績でも知られるSF界の巨匠、アーサー・C・クラークは、将来の宇宙通信システムの一環として、静止軌道より低い軌道上に固定され、しかも二四時間周期で地球をめぐる通信衛星の可能性に言及した。

つまり、静止衛星軌道に重心をもつ長いケーブルの下端に通信衛星をぶら下げることがここでは想定されているのである。もっとも、クラークはこのとき、現在の材料工学では、このようなものを実現できるだけの高張力素材はつくれないと考え、これをさらに長く伸ばしたらどうなるか、というところまで考えをめぐらせる前に思考をストップしてしまった。

続いて一九六六年、アメリカ・スクリップス海洋研究所のジョン・アイザックス、ヒュー・ブラッドナー、ジョージ・バッカス、ウッズホール海洋研究所のオーリン・ヴァインの四人が連名で、「真の〝スカイフック〟を実現する、延長された人工衛星」と題する短い論文を発表した。

スカイフックとは、空の一点にじっと停止する構造物のことで、これ以降、軌道エレベーターのことをスカイフックの名で呼ぶ人々も出現する。

この論文のなかで彼らが提唱したのは、やはり静止軌道に重心をもつ、縦方向に極度に引き延ばされた人工衛星というアイディアであった。ただし、彼らはこれを、上層大気中に静止した観測ステーションやパワー・プラントとして使うことを考えていたため、その下端は厳密に言えば地上には到達していない。

ただここで注目されるのは、軌道エレベーターに使えそうなさまざまな素材の性能について、初めて定量的な解析を発表したことである。

ところで、なぜ航空宇宙学者ではなく海洋学者がスカイフックの論文などを発表したのか――という点だが、クラークはこのことについて、「彼らこそは（防空気球の栄光ある時代以降は）自分の重さで垂れる長いケーブルを取り扱うほとんど唯一の人たちであることに思い至れば、これを意外とするには当たらないのである」（山高昭訳）と述べている。

さらにその後、一九六九年にはA・R・コラーとJ・W・フラワーが、一九七五年にはジェローム・ピアソンが、それぞれ低高度静止衛星、あるいは地球の自転エネルギーを利用した打ち上げ装置としての軌道エレベーターを次々に提唱している。

後であらためて取りあげるが、一九七七年には、ソ連のアストラハン工科大学のG・ポリャーコフによって、多数の軌道エレベーターを円周状につなぎ止める「宇宙のネックレス」と呼ばれる構造物の構想も発表された。

(5) クラーク『楽園の泉』

この頃までの軌道エレベーターは、研究テーマとしては、どちらかと言えば一部の研究者やマニアのあいだだけで語られる種類のマイナーな存在だったが、そのマイナーな軌道エレベーターのコンセプトを、一気に世間に知らしめるSF作品が、一九七九年に登場した。

図1・12左にあるアーサー・C・クラークの長篇SF『楽園の泉』（山高昭訳、ハヤカワ文庫SF）である。

自身、独自に低高度静止衛星という形で軌道エレベーターの発明にかかわってきたクラークが、それまでに蓄積した小説作法のすべてを傾注して書き上げたこの作品は、長年にわたって宇宙へ進出していく人類の姿を描きつづけた彼のSF世界の集大成であるともいえるだろう。

また同時に、軌道エレベーターというモチーフそれ自体の新たな原点への回帰を意味するものでもあった。

このSFにこめられた、軌道エレベーターへの深い思い入れが、まぎれもなくクラークの本心であることは容易に読みとれ、それが、このSFの味わいを特別なものにしている。

そしてまた、そのような思い入れがあったからこそ、このSFにおいては、軌道エレベーターの計画立案から建設の実際、そしてそれがもたらす未来文明のビジョンまでが、徹底的に考え抜かれたうえで記述されており、それらのすべてが、空恐ろしいまでのリアリティをもって読者の胸に迫ってくるのである。

『楽園の泉』は、フィクションという形をとってはいるが、おそらく、かつてのヴェルヌの『月世界旅行』が宇宙飛行を夢見る人々にとってそうであったように、軌道エレベーターの実現を夢見る人々にとっての永遠の聖典となるだろう。

ところで、科学技術の世界でもSFの世界でも見られることだが、しかるべき時代がめぐってきて、何かの生まれる機運が熟するときには、あちこちで同時発生的に、多くの人々が同じ発想にたどりつき、それを互いに相手の存在を知らずに発表する――ということがある。平行進化とでも言えるのだろうか……。

クラークの『楽園の泉』が発表されたのと同じ年の一九七九年、イギリス出身のアメリカのSF作家、チャールズ・シェフィールドが、『星ぼしに架ける橋』（山高昭訳、ハヤカワSF文庫、図1・12右）というタイトルで、やはり軌道エレベーターの建設を扱った長篇を発表している。

こちらの作品は、プロット全体にミステリー的な味つけもされ、数多くのSF的ガジェットも登場し、クラークの作品とはかなり味わいが違う。娯楽SFとしては、こちらの方が読みやすいというSFファンもいる。

作者のシェフィールドは、理工学の専門家としても有能な人物であり、軌道エレベー

図1・12　軌道エレベーターを扱った2大SF、クラーク『楽園の泉』とシェフィールド『星ぼしに架ける橋』（いずれもハヤカワ文庫SF）

ターに関する科学的考察は十分に練られており、その点は安心できる。

軌道エレベーターの具体的な建設方法は両者では大幅に違っているが、その部分を読みくらべてみるのもまた、読者の楽しみであるかもしれない。

（その後、数多くのSFに軌道エレベーターが登場するようになり、日本で刊行された作品だけでもかなりの数になる。ただし、物理学的または工学的にその特徴を正確に記述した作品や、またオリジナリティをもった軌道エレベーターが登場する作品はそう多くはない）

第2章　軌道エレベーターのテクノロジー

2・1　どんな材料が必要か？

(1) 材料に求められるきびしい条件

軌道エレベーターは、三万五八〇〇キロメートルというとてつもない距離から地球の重力場のなかに吊り下げられる。つまり引力によってそれ自体が強烈に引っ張られる。また、それとバランスをとるために、あるいはまた宇宙への発進基地をつくるために、地球とは反対側に、何万キロにもおよぶケーブルがつけられる。だから、そこに作用する遠心力によって、やはりそれ自体がとてつもない力で引っ張られる。

軌道エレベーター自体とはべつの何か荷物を引き上げるのであれば、その荷物を軽くしてやればよいが、そうではなく、軌道エレベーターそのものが引っ張られるのだから、厄介なのである。

しかも、その力は桁はずれだ。

したがって、軌道エレベーターを建造するためには、「引張る力に対してとてつもなく強い」材料が不可欠となる。物理学では、引張ったときどのくらいまで切れずにすむか、というその限界の力を単位断面積で表現して「引張り強さ」というが、その「引張り強さ」がとてつもなく大きくなければならないのだ。

さらに、たんに引張り強さだけではなく、単位体積あたりのその物質の質量——つまり密度——もまた、考慮しなければならない。なぜなら、第1章の式（1・6）と式（1・7）でわかるように、重力場の作用による引力も、また回転による遠心力も、体積一定とすると、密度が小さいほど小さく、大きいほど大きく作用するからである。

そこで、軌道エレベーター用の材料に求められる条件は、次のようなものになるだろう。

①引張り強さが十分に大きい。
②密度が十分に小さい。
③しなやかさがある。

④加工や整形や接続が容易で、さほど高価とはならない。
⑤大量生産が容易である。
⑥耐久性がある。

③〜⑥は重要ではあるが、まずは、①と②を満足しなければ意味がない。つまり、簡単にいえば、軽くて引張っても切れない材料を探す必要がある。

これまで、多くの研究者によって、①と②をひとつのものとして扱った「破断長」というパラメータが導入され、定量的な考察が加えられてきた。

以下に、この「破断長」について、説明してみることにしよう。

(2) 破断長とは何か？

一九七五年、ジェローム・ピアソンは、「軌道塔——地球の自転エネルギーを用いた宇宙船打ち上げ装置」と題する有名な論文のなかで、軌道エレベーターの材料として使えそうなさまざまな素材を比較検討し、その性能をあらわすいくつかの公式やパラメータを導きだした。

そこで彼がとくに重視したのが、「特性高」なるパラメータだった。

これは、ある材料で太さ一定のケーブルをつくり、どこまでも地表と同じ一Gでつづく一様重力場の中にぶらさげたとき、何キロまで切れずにすむか——ということをあらわし、言うまでもなくこれが大きい材料ほど性能がよい。

このように定義された量を物理学や工学で扱うことは、これまでほとんどなかったので、用語は定着していないが、ピアソンはこの長さを「特性高（characteristic height）」と称した。物理学用語としては「特性長」がいちばん近いのかもしれないが、わかりにくいので、本書ではこれを、SF作家アーサー・C・クラークの意見を参考にして、「**破断長**（breaking length）」と呼ぶことにしよう。一般の人にとっては、この用語がいちばんピンとくると思われる。

さて、この破断長は、前記のように、材料をケーブル状にして、地表と同じ大きさの重力場がずっと続く空間に垂らしたとき、どのくらいの長さまで破断しないか——を示している。

したがってその大きさは、材料の引張り強さだけではきまらない。それは密度（つまりは重さ）によっても変化する。破断長は、引張り強さが大きいほど大きく、密度が小さいほど大きくなる量なのである。

式でこれを記すと、

$$破断長 = \frac{重力キログラムで表現した引張り強さ}{その物質の密度} \quad (2・1)$$

である。

では、この、引張り強さと密度によってきまる破断長が、いったいどのくらいの大きさなら、軌道エレベーターをつくることができるのだろうか？

軌道エレベーターの重心は三万五八〇〇キロメートルの静止軌道にあるから、三万五八〇〇キロメートルは必要だと考えられるが、幸いなことに、それよりもずっと小さな破断長でよい。なぜならば、実際の地球周辺の重力場は一様ではなく、地表を離れるほど減少していくし、また軌道エレベーターが周回していることによる遠心力が逆の向きにはたらくからである。

一定重力場で定義された破断長は、静止軌道の高さのほぼ七分の一、すなわち四九六〇キロメートルを超えればよいことがわかっている。これだけの破断長を満たす強さと密度の材料があれば、三万五八〇〇キロメートルを吊り下げても切れなくてすむのである。

アーサー・C・クラークは、四九六〇キロメートルというこの数字を、ロケットが地球重力場をふりきって宇宙へ脱出するために必要な速度「脱出速度」にちなんで「脱出長（escape length）」と名づけた。

つまり、図2・1のように、

破断長＞脱出長　　　　　　　　　　　　　　　　（2・2）

――となるような破断長をもつ材料を見つければ、よいことになる（ロケットではこれが、

ロケットの速度＞脱出速度

となっているわけである）。

だがしかし、こういう材料を見つけることは至難である。

いかにも強そうに思える鋼鉄線の破断長も、計算してみると、たかだか五〇キロメートルにすぎないことがわかる。金属の類は引張り強さはあるが、密度が大きすぎるのだ。

そこで、軽くて丈夫なことで有名で、防弾チョッキや各種ケーブルの補強材など、強

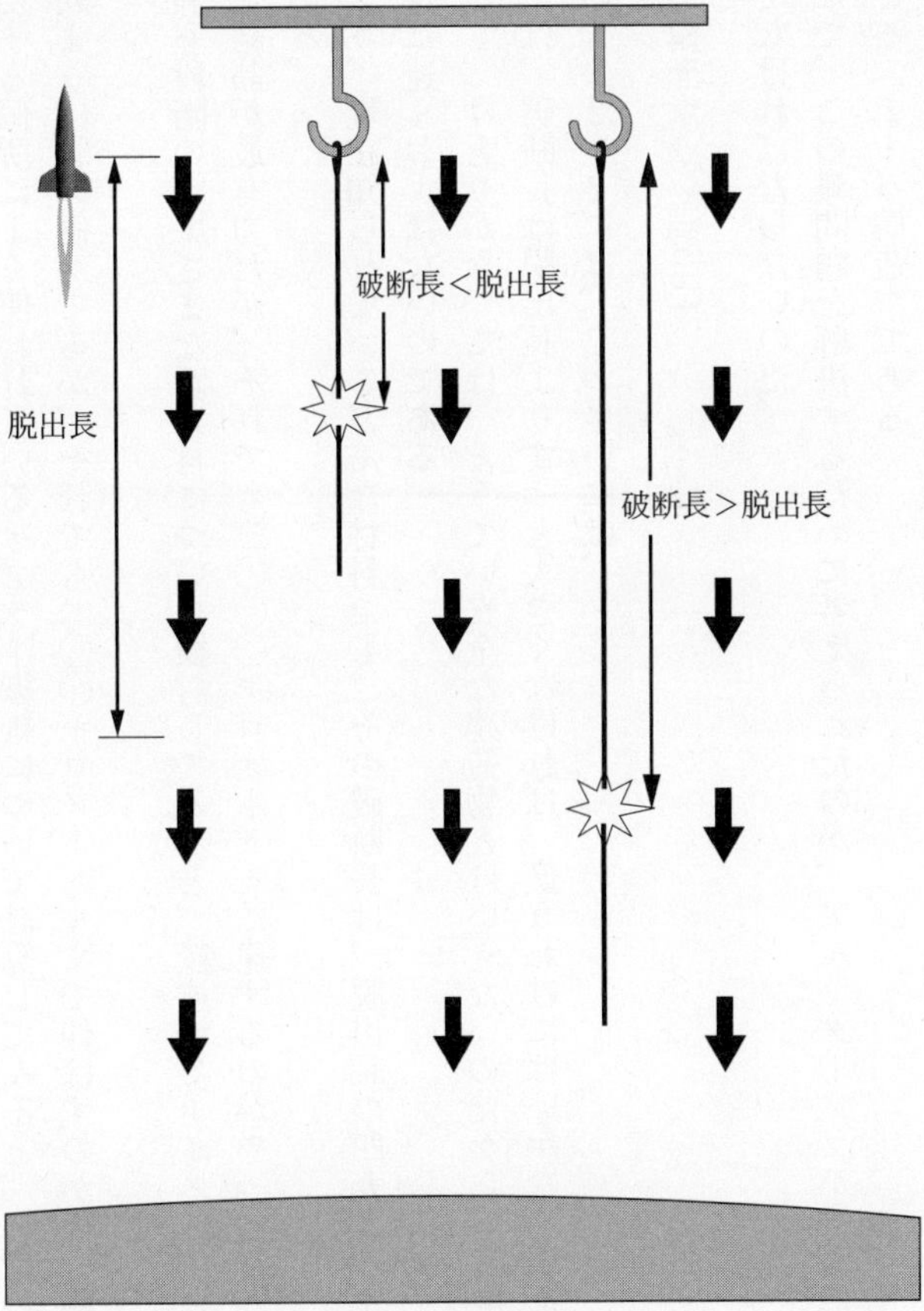

図2・1　破断長と脱出長

度を要する個所によく使われているケブラー繊維について計算してみると、軽量のために鋼鉄よりはよい値がでるが、それでも二〇〇キロメートルまで伸ばすのが精一杯である。

実験室段階のさまざまな新素材について検討してみると、後述するホイスカーという特殊な結晶が最有力だが、それでも三〇〇〇キロメートルに達するのがやっとだと言われている。

つまり、現在知られているどんな材料でも、その破断長は、脱出長の四九六〇キロメートルに遠くおよばないのである。

しかも、ゆとりがなくては、とうてい安全な建造物とはいえないのだから、実際問題としては、破断長は脱出長よりずっと大きくなければ、使うわけにはいかないのだ。

前の式（2・2）は、じっさいには、

破断長＞＞脱出長　（2・3）

――でなければならないのだ。

そこで、この難問題を解決するために考えられたのが、アルツターノフがすでに言及している「テーパ構造」である。

(3) テーパ構造で解決できる!

テーパ(taper)にはいろいろな意味があるが、理工学分野で一般に定義されているのは、図2・2のように、太さそのほかの物理量がじょじょに変化していくような構造物のことである。

軌道エレベーター全体をこのようなテーパ構造にすると、力が大きくかかるところでは太くなっており(つまり丈夫になっており)、そこから離れた部分ほど細くなっている(つまり軽くなっている)ので、直観的にわかるように、実行的な破断長をうんと伸ばすことができる。逆にいって、脱出長に達しない材料でも軌道エレベーターを建造することが可能となる。

このテーパの原理は、地上に建造される塔についても、同様である。一般には、鉄塔の類は、先にいくほど細くなっているが、それもまたテーパ構造の一種なのである。

ただ地表から見た軌道エレベーターのテーパは、地表近くほど細いという、ふつうの塔とは逆の形状であり、その点がとても興味ぶかい。

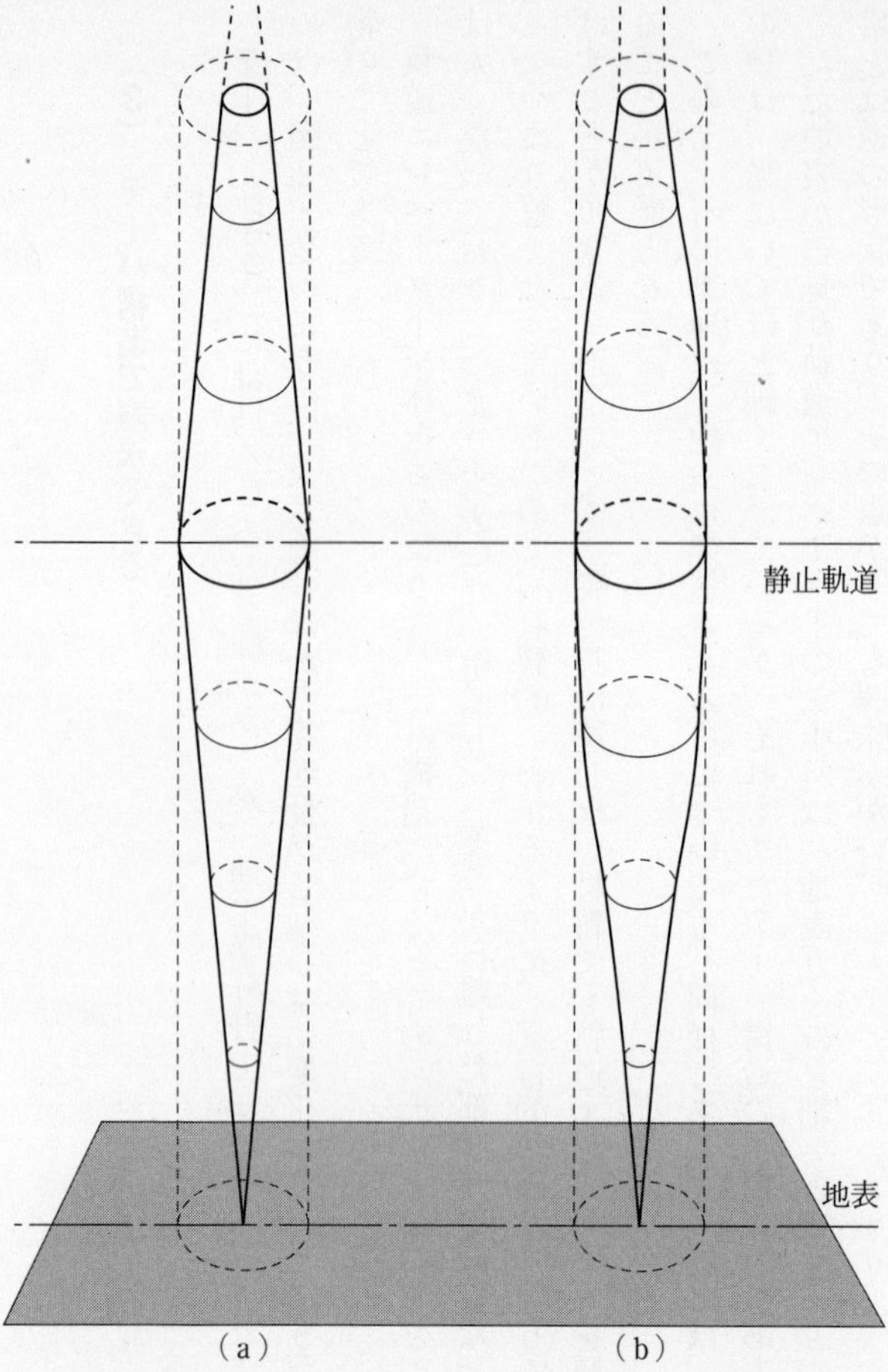

図2・2　テーパ形状の軌道エレベーターとは？

さて、このテーパによる破断長の改善であるが、図2・2の（a）にあるような直円錐形をしているとし、これが一様な重力場に垂らされていると仮定して考えると、円錐体の体積は円柱の体積の三分の一だから、この軌道エレベーターにかかる負担は、どこの断面で考えても、テーパがついていない場合の三分の一になるだろう。

実際には地表に近いほど引力が大きくなるので、このテーパ効果は助長されるが、ひかえめにみても、こういう単純な形状の円錐形テーパ（母線〔稜線〕が直線的なので「直線テーパ」と呼ばれる）にしただけで、材料の実効的な破断長は三倍にまで向上するのである。

ところで、テーパの形状は、直線的なものとはかぎらず、何らかの意味で最適化をはかると、図2・2（b）のような曲線形のテーパが導きだされることが多い。こういうテーパを「曲線テーパ」と称している。

では、どういう最適化条件があるのだろうか？

その一つの例として、前記のピアソンが同じ論文で考察した曲線テーパをあげておこう。

ピアソンが採用したのは、

「軌道エレベーターのどの断面をとってもその断面に作用する単位面積あたりの引張り

力の大きさが同一となる」

——という条件だった。

どんな材料をもってきても、上にいくほど、断面全体にかかる力は大きくなるので、破断長がいかに長くとも（つまりいかに軽くて丈夫な材料でも）、この考え方では、かならずテーパ形状をとらなければならず、テーパのついていない軌道エレベーターは存在しなくなる。

しかし、単位断面積にかかる力が常に一定——というのは、合理的な考え方ではある。

ピアソンは、地球の全質量が重心に集まっているものとし、地球重心で断面積がゼロで、そこからしだいに太くなっていき、静止軌道で最大の太さとなるテーパを考えているので、そのテーパは地表ではある程度の太さをもっている。

地表部分の径と、静止軌道での径の比を、テーパ比と呼ぶことにすると、この比は、良質の材料ほど小さくてよいはずである。

では、ある破断長の材料が与えられたとき、どのくらいのテーパ比が必要か——であるが、これについては、

$$D_s/D_e = \exp\ (H/2h) \qquad (2\cdot4)$$

——という式で、おおまかには計算することができる。

ただしここで、D_sは静止軌道におけるエレベーターの断面の直径（または半径）、D_eは地表近くでの断面の直径（または半径）、Hは脱出長、hはその材料の破断長である。

この公式に前述の鋼鉄線の破断長を入れると、テーパ比は一〇の二一乗以上、ケブラーを入れても一〇の五乗以上という、天文学的な数値になってしまい、とうてい実現性はない。

かりに、ちょうど「破断長」＝「脱出長」となる材料があったとしても、テーパ比は一・六五となり、かなりの傾斜をつけなければならない。参考までに、ピアソン流のテーパの具体的な形状を、破断長が脱出長にほぼ等しい五〇〇〇キロメートル、その半分の二五〇〇キロメートル、さらにその半分の一二五〇キロメートルの三つの場合について比較計算し、図2・3に示しておいた。ピアソンの式は面積で比率を出しているが、ここの図では直径としてある。

この図から、いかに大きな破断長の材料が見つかっても、とてもおおげさな形になってしまうことがわかる。

したがって、テーパ構造を取り入れるとしても、脱出長に近いか、それとも脱出長以上の破断長をもつ特別な素材を探す必要がある。

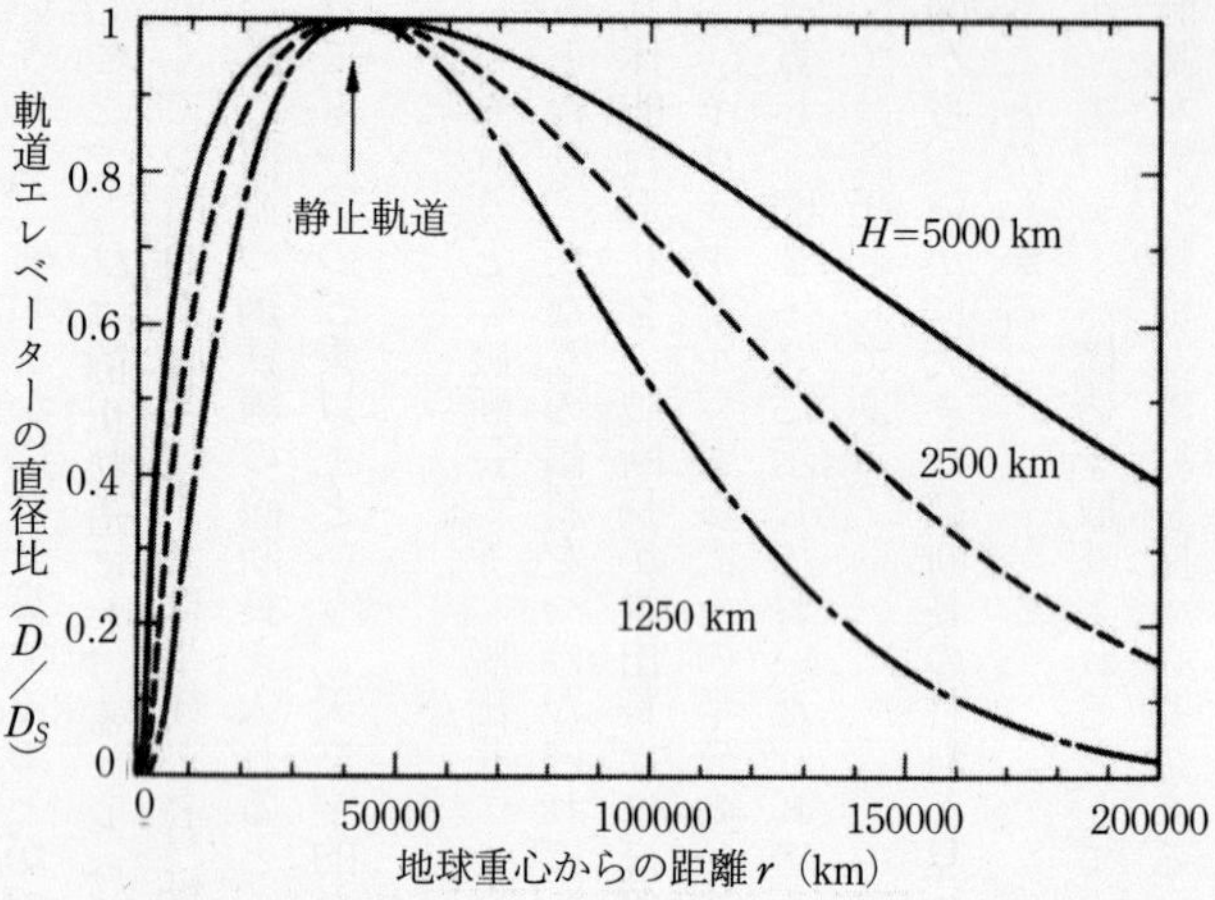

図2・3　軌道エレベーターのテーパ形状の例

テーパ構造は、優れた破断長の材料に対して、さらに安全性を高めるために導入すべき構造であり、これで抜本的な解決を図ろうとするのは無理があるのだ。

そこで多くの研究者たちは、金属とは比較にならないほど丈夫で、かつ金属よりずっと軽い新素材を見つけだそうと調査をおこなった。

そして候補にあがってきた一つが、結晶鉱物であった。

(4) 結晶鉱物とホイスカー

アイザックスらは一九六六年にすでに、アルミナ、石英、黒鉛《グラファイト》(石墨)、ベリリウム、それにダイヤモンドなどの素材の強度の比較検討をおこない、ダイヤモンドがもっとも適している――との結論をだしている。典型的な結晶体であるダイヤモンドは、密度がさほど大きくないわりに、単位面積あたりの引張り強さがひじょうに大きいのである。

遠未来の銀河旅行に就航するかもしれない「恒星間ラムジェット宇宙船」のコイルを保持するのに、ダイヤモンドを使用するという案を、イギリスの宇宙旅行協会の学者たちが出したのも、この引張り強さが魅力だったからである。

地表では、大気の動き——つまり風速——が無視できないので、アイザックスらは、風速五五メートルを仮定して、この風に耐えるという条件で計算し、地表では直径〇・一ミリメートル以下というようにひじょうに細い軌道エレベーターを想定して、それに要する全質量を求めている。

それによると、石英で二〇万キログラム、黒鉛で七万六〇〇〇キログラム、ベリリウムで一万キログラム、ダイヤモンドで五〇〇キログラムと、ダイヤが圧倒的に有力であることを結論づけている。（これをテーパ比に換算すると、三〜三〇程度になると推定される。アイザックスらの仕事は先駆的論文としては認められるが、その数値は理想的にすぎ、実際にはもっとずっと大変だろうと思われる）

さて、一般に鉱物の結晶は、その中に格子欠陥と呼ばれる構造の乱れをかならず含んでおり、この欠陥によってその引張り強さは大幅に低下する。低下した結果が、われわれが通常使っている物質の性能である。ハンドブックなどに出ている数値はすべて、こういう格子欠陥を含んだものなのだ。

だから、格子欠陥が極限まで減らされ、通常の性能ではなく、理論的に考えられる最大限の引張り強さをもつ結晶が得られたとしたら、ぜひそれを軌道エレベーターに使いたいものである。

そこで登場するのが、ホイスカー（ひげ結晶）である。ホイスカーとは、もともと猫（あるいは動物一般）のひげを意味する言葉で、その名のとおり、この結晶はごく細長い針状もしくはひげ状の形態をもつ。自然界では、ニッケルや銀、亜鉛など多くの鉱物がこのような形の結晶をつくり、また、炭素系、珪素系の結晶もホイスカーとなることがある。

そして、このホイスカーこそ、格子欠陥を含まない、理想の結晶構造を示す物質なのである。ホイスカーはしばしば、軸方向に対しては、通常の結晶の理論的最高値をさらに上まわる引張り強さを示すことがあるという。

ホイスカーが発見され、研究された歴史は古いが、製造はかなり困難で、現状では、工業的にはせいぜい長さ数センチメートルのものしかつくることができない。しかし将来の技術の進展によって、もしこれを三万五八〇〇キロメートル以上の長さにつくることができるようになれば、軌道エレベーターの材料として理想的なものになるだろう。

ピアソンの一九七五年の論文では、黒鉛のホイスカーがもっとも見込みの高い素材として取り上げられている。黒鉛のホイスカーの密度は、鉄の三〇％以下でしかなく、破断長は最大で三二〇〇キロメートルにも達する可能性がある。

この値だと、前記の直線テーパに成形すると、実効的な破断長は九六〇〇（3200 × 3）キロメートルに達し、脱出長の二倍ちかくにもなるので、軌道エレベーター建造の可能性がでてくる。

また、先のピアソン流のテーパにした場合でも、そのテーパ比は二・一七となり、きわめて現実的な値になっている。

実際には、軌道エレベーターが耐えなければならないのは、自重や遠心力ばかりではない。これほど巨大な建造物ともなると、風圧はもちろんのこと、月や太陽の潮汐力も無視できなくなるし、流星対策も講じなければならない。

またもちろん、宇宙船を含む大きな荷物を昇降させるのが目的のエレベーターだから、少々の荷重ではびくともしない強度や質量をもっていなければならない。

だから、全体の太さを十分なものにするとともに、補修しにくい部分ほど太くするために、テーパ比も先の理論よりはずっと大きなものにする必要がある。

そこで仮にテーパ比の安全係数を五ていどにとってみよう。そうしても、このホイスカーだと、テーパ比一〇という、地上の建築物とかわらないような比率の構造でよいのだ。

いろいろなことを考慮してもなお、テーパ比が一〇または数十ていどですむとなれば、話はがぜん現実味をおびてくる。

だからクラークその他のSF作家が描いた軌道エレベーターには、このホイスカー（の未来形）が用いられているのである。

(5) 金属水素とポジトロニウム

さて、ホイスカーは現時点でその存在が知られている材料であるが、もっと破断長の大きな夢の素材は見つからないだろうか？

第1章で名前の出たアメリカのSF作家兼宇宙技術者のチャールズ・シェフィールドは、一九七九年に発表した軌道エレベーターに関する論考"How To Build a Beanstalk"のなかで、二つの超絶的未来素材として、金属水素とポジトロニウムをあげて検討を加えている。

金属水素とは、通常の水素を超高圧環境下で圧縮して固体化させたもので、ただ単に水素が氷の状態になるのではなく、それぞれの水素分子の周囲を回っていた電子が自由電子となって水素原子核のあいだを渡り歩くので、金属としての特性をもつ。

もちろん、われわれが生活している常温常圧の世界には、こんなものは存在しえないが、おそらく木星や土星の中心核近くでは天然の金属水素が存在するのではないかと言われ、この状態になった水素は超伝導体になるであろうと予測されている。

一九八九年六月、アメリカ・カーネギー研究所地球物理部のマオ・ホーワンとラッセル・ヘムリーは、先端にダイヤモンドをつけた、きわめて小さな金床二つの間に試料を挟み、ねじを回して圧縮するという形式の高圧発生装置を用いて、史上初めて、極微量（数立方マイクロメートル）ながら、この金属水素を試作することに成功した。

このときの条件は、温度がマイナス一九六度、圧力は二五〇万気圧にもたっしたという。これは、人間が地上でつくりだしたもっとも高い圧力である。圧縮されるにつれて、透明だった水素はしだいに褐色になり、最後に黒い固体となった。これは、電子が自由電子の状態に移行するにつれて、水素が光を吸収するようになったからである。予測された超伝導状態はこのときには確認されなかったが、絶縁体であった水素が、しだいに半導体から良導体へと変化していくプロセスは確認された。

この方法で水素を圧縮できれば、将来核融合燃料やロケット燃料をきわめてコンパクトに貯蔵することが可能となるし、新しい超伝導素材製造の可能性も出てくるだろう。

しかし、シェフィールドが注目したのは、そういうことよりも、その密度の低さであった。

金属水素の引張り強さは、最強というわけではないが、比重（密度）が、考えられるすべての固体の理論値の中でいちばん小さく、〇・一にも満たない。

式（2・1）でわかるように、破断長は引張り強さを密度で割った量である。だから、密度が十分に小さければ、引張り強さがほどほどでも、破断長はぐっと大きくなるのである。

計算された金属水素の破断長はじつに九一一六キロメートルにも達する。脱出長四九六〇キロメートルよりもはるかに大きい。

破断長＞脱出長

を、テーパなしでみごとに成立させている。

つまりこれさえあれば、テーパをつけなくとも、非常に強靭《きょうじん》な静止軌道エレベーターが建設可能だということになる。

だが問題は、この金属水素が極端な高圧環境のもとでしか安定しては存在しえないことだ。将来的には、金属水素を常温常圧環境下で安定させる可能性に言及する研究者もいないではないが、それはまさに、神のごとき超絶的技術の世界となってしまうだろう。

使用する場所は、常圧どころか、ゼロ気圧の宇宙空間である。そこに金属水素をむきだしで曝《さら》したら、それはたちまち蒸発してしまうだろう。これを押さえ込むためには、今のところひじょうに丈夫なジャケットでエレベーター全体を包むより他に方法はなく、そうするとそのジャケットの質量の方がエレベーター本体よりずっと大きくなってしまうかもしれない。

さらに、アーサー・C・クラークに言わせれば、困ったことに金属水素は、TNT火薬の二五倍から三五倍も爆発しやすい超過敏な強燃性物質なのである。そのような物質の固まりの中にエレベーター・カーを走らせるのは、かなりの冒険であろう。

もう一つのポジトロニウムは、なおさら超絶的な技術の産物である。すなわち、通常の水素原子の原子核をなす陽子を、電荷の大きさと符号のみ同じで、質量はその一八三六分の一しかない陽電子と置き換えた擬似原子である。そして、化学結合強度は水素分子と同じ（一〇四キロカロリー／モル）――つまり超軽くて、強度は水素と同じ――なのだから、その破断長は、実に一六七〇万キロメートルという想像を絶するものになる。

これさえあれば木星にでも静止軌道エレベーターをつくりえると、シェフィールドは述べている。

シェフィールドのこれらの検討が、あくまでも理論上のお遊びにすぎないことは、言うまでもない。電子＝陽電子対は、加速器を使ってつくれないことはないが、それこそ素粒子物理レベルの時間規模で二つの反粒子は対消滅を起こし、ガンマ線に転換されて消えてしまう。この宇宙がどこまでもひたすら膨張を続けていき、あらゆる重粒子が崩壊して消滅してしまうころになると、ようやく、電子＝陽電子対による、半径が太陽系ほどある擬似原子が安定して存在できると言われるが、これでは何兆年たってもわれわれの要求を満たすことはできない。

ポジトロニウムの工業利用のためには、困難を極めると想像される金属水素の安定化でさえ足元にもおよばない、魔法のような超テクノロジーが必要なのだ。

このほか、未発見の物質モノポール（磁気単極子）からなる物質について言及している研究者もいるが、それはいまのところ、夢のまた夢である。

以上のようないくつかの検討結果をみてくると、やはりホイスカーが可能性のある技術の極限形であるようにも思われるが、ここにもう一つ、現実味のある夢の新素材が、近年大きな注目を集めている。

(6) 夢の新素材？　カーボンナノチューブ

東京大学の教養学部で化学に関連するSF的な講義をつづけておられる山崎昶博士が、数年前の講義録のなかに書いておられるのだが、「軌道エレベーターにはカーボンナノチューブが最適かもしれない」のである。

では、カーボン（炭素）ナノチューブとはいったいどういう物質なのだろうか？

世界の学者が注目し、熾烈《しれつ》な研究開発競争がなされてきた奇妙な分子として、炭素原子が六〇個、サッカーボールのような球形に結合した「C_{60}」、通称バッキーボール、あるいはフラーレンなどと呼ばれる分子がある（図2・4）。

カーボンナノチューブはこの変形で、その名のとおり炭素原子が筒状に結合した細長い分子である。サッカーボール形状でもかなりユニークだが、さらにそれを引き延ばして筒状にしたという、じつにユニークな分子なのだ。

このカーボンナノチューブは、一九九一年、日本のNEC基礎研究所の飯島澄男首席研究員のチームによって発見された（ちなみに、サッカーボール状の分子も、アメリカの研究者がノーベル賞をもらったが、そのずっと前に日本の学者が予言していたもので

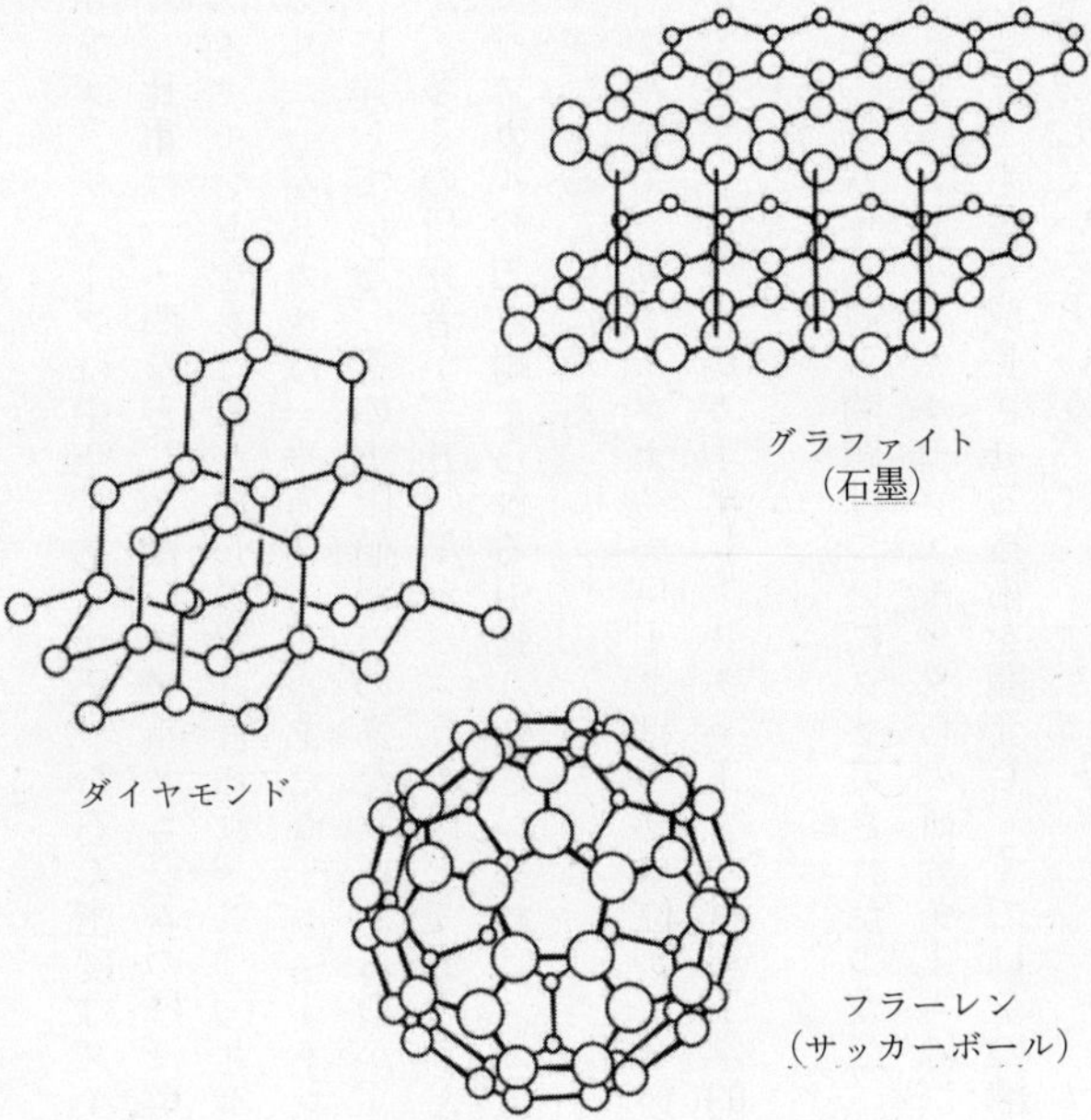

図2・4　炭素のサッカーボールとは? (炭素の同素体)

ある)。

カーボンナノチューブは中空であるため、むろん密度はダイヤモンドや黒鉛よりもずっと低く、比重は一・四ほどしかない。アルミニウムのほぼ半分である。また、引張り強さはダイヤモンドをもはるかにしのぐと言われ、二〇〇九年現在で、実測値が二〇ギガパスカル(一パスカルは一平方メートルあたり一ニュートンの力が作用する応力または圧力)に達している。その上限値がどのあたりにあるのか、いまだはっきりとはしていないが、多くの研究者が、五〇ギガパスカル以上であろうと推測している。ちなみに、七〇ギガパスカルの力に耐えられる引張り強さがあれば、カーボンナノチューブは脱出長をクリアできることになる。

ただ、これまで、カーボンナノチューブはミリ単位か、せいぜいセンチ単位でしか作ることができず、この点がカーボンナノチューブの材料工学的応用に関する最大のネックとされていた。

だが、二〇〇八年、この問題はついにクリアされたようだ。同年、ケンブリッジ大学のアラン・ウィンドル、マルセロ・モッタらの研究チームは、カーボンナノチューブの繊維をどこまでも長く成長させる技術を開発し、すでにこの繊維を使ったリボンを織ることにも成功しているという。

この素材は二〇ギガパスカルの力に耐えられる強度を持ち、これだけでもすでに破断長は約一四三〇キロメートルという驚異的な数字になる。実際にこの素材を何万キロもの長さに伸ばすことができるなら、しかるべきテーパーをつけるだけで、軌道エレベーターを建設することはすでに不可能ではない、ということになる。

もちろん、今後も、その強度をさらに向上させるための研究は加速度的に進んでいくことだろう。もしかすると、軌道エレベーター実現の日は、われわれの誰もが予想し得なかったほどすぐ近くまでせまっているのかも知れない。

現在、NECをはじめ各国の研究所では、カーボンナノチューブの厚みを変えたり、そのなかに各種の金属を封じ込めたりして、さまざまな機能を付加する研究を進めている。たとえば、サッカーボール形のC_{60}は、アルカリ金属などの蒸気をあてて、これを結晶中に取りこませると超伝導体となることが報告されている。基本的にはこのC_{60}を引き延ばした形であるカーボンナノチューブも、今後の研究によっては、それ自体を超伝導ケーブルに変えることができる可能性もある。もっとも現在のものでは、超伝導を示す温度条件はまだ限定されたものであるが、将来は期待できそうである。

とすれば、エレベーター・カーの運転をはじめ、さまざまな用途に無駄のない電磁力利用が可能となり、軌道エレベーターにとってはますます都合のいい材料だと言えるのである。

軌道エレベーター用の材料については、意外に明るい希望があるのだ。

2・2　どんな方法で建造するのか？

(1) 建造の段取りを考えよう

どれほどの未来になるかはわからないが、いつの日か、前節で検討したような望ましい材料の大量生産が可能になったとしよう。とすると次は、その材料を成形して何らかの構造体をつくり、それを組み合わせたり連結したり、あるいは一体化したりして、軌道エレベーターそれ自体を建造する段取りとなるだろう。

原料から材料をまずつくり、それを何らかの形の資材にしてから組み立てるのか、または超技術によって原料から直接軌道エレベーター本体を流れ作業でつくってしまうのかはわからないが、とにかくそういう段取りになったとき、地表での建築・建造とはくらべものにならないほどの困難が、待ちかまえている——と覚悟しなければならない。なぜなら、軌道エレベーターの建造はつねに、静止衛星軌道上にある重心を出発点として開始しなければならず、そのためにはどうしても、組み上げるべき構造体なり資材なり原料なりを、その静止軌道まで打ち上げなければならないからである。

なにしろ、万里の長城も遠くかすむような超巨大な建造物を、宇宙空間に「縦に」つくろうというのだから、工事現場はどうしても、地上三万五八〇〇キロメートルまたはその周辺の宇宙空間になってしまうのである。

テーパつき軌道エレベーターを研究したピアスンの試算によれば——彼の提案したテーパ形状にしたがった場合であるが——末端部の直径がわずか八センチメートル、静止軌道での直径が八〇センチメートルという、紐のように細い軌道エレベーターをつくったとしても、貨物室容積三〇〇立方メートルの将来型重量物打ち上げシャトルを二万四〇〇〇回も打ち上げなければならない。

回数もとてつもないが、一台あたりの貨物もたいへんな重さで、もしこれに比重二・二の黒鉛のホイスカーをぎっしり詰め込んだとすると、それだけで六六〇トンにもなる。これを二万四〇〇〇回も打ち上げるのかと思うと、いくら遠い未来のこととはいえ、気が遠くなる。

ちなみに、現存する日本最強のロケットH-IIAのばあい、低軌道までなら一五トン級の衛星を打ち上げられるが、静止軌道までとなると五・八トン級がせいぜいだ。だから、こんなことをやっていたのでは、いくら未来であっても、最初の軌道エレベーターが完成する前に地球の経済は破綻してしまうだろう。

このとてつもない経費を節減するために、まず考えられるのは、地上の長大な建造物の建設工事にもよく使われるのと同様に、まず「糸のように極細」の軌道エレベーターをつくり、そのわずかな運搬能力を利用して少しずつ資材を運び上げ、順次エレベーターを補強・拡張し、同時にまた資材の運搬量も増やしていく——という方法であろう。

しかし、地上から完成された資材を運び上げるというこの方法は、工夫をこらしたとしても、どうも無駄が多すぎるように思われる。

まず第一に、すべての建設資材を地上から持ち上げるとなると、膨大な初期投資が必要である。最初の極細の資材輸送用エレベーターを建設するだけでも、前出の超大型シャトルを何千回かは打ち上げなければならない。

第二に、エレベーターの主要な原料である炭素は地球で調達できたとしても、それをホイスカーに加工するには、結局は軌道上に出ていかざるを得ない——つまり、静止軌道上に工場をつくらなければならない――と考えられるので、地表からの資材の運び上げは無駄な工程ではないか、という結論がでてくるのである。

この第二の問題についてもう少し詳しくご説明しよう。

軌道エレベーターの素材は、前節でご説明したように、何らかの結晶体でなければならないだろう。

ところが、地球の一Gの重力場の中で、結晶を成長させていく場合、結晶内に重力偏析と呼ばれるひずみが生じることは避けられない。また、周囲の環境にも大量の塵が浮遊し、結晶のなかにそれがまぎれこむことを防ぐのはひじょうに困難である。

どんなに厳重なクリーン・ルームをつくり、あるいは、作業室を高真空化しても、理想的な結晶の育成はむずかしい。また重力場の中にあるかぎり、結晶素材そのものは何らかの容器に触れざるを得ず、そこから異物が混入する可能性はけっしてなくならない。

こういう致命的な難点のない場所――すなわちゼロG、塵も空気もない超高真空の環境下で、何物にも接触することなく、高純度の結晶を大きく育てられる場所――と言えば、宇宙空間しか考えられないのである。

このようにみてくると、わざわざ地表から原料を宇宙に運びあげるのは、利口な方法ではないのではないか――という発想にいきつく。つまり、高性能な結晶体の製造を宇宙空間でおこなうのならば、原料の調達もやはり宇宙空間でおこなえばいいではないか、というわけなのだ。

そこで考えられたのが、大量に炭素を含む手頃な大きさの「小天体」を捕獲し、静止軌道上に持ってきてしまおう、というアイディアである。

(2) 豊富な資源の供給源としての小惑星

太陽をめぐっている天体の主なものは、地球や火星などの惑星と、その衛星たちであるが、そのほかに、惑星よりずっと小さな小天体がある。それは小惑星と彗星である(図2・5)。このうち主に小惑星にねらいをつけ、それが地球に近づいたときに、つかまえて利用しようという考えなのだ。

いくら未来でも、そんなことができるだろうか、と思われるかもしれないが、このアイディアは、意外なほど、現実的なのだ。

以下にその理由を記すことにしよう。

図２・５　小惑星と彗星の想像図

太陽をめぐる地球の軌道を横切るほど地球に接近する――言い換えれば、いつかは地球に衝突するかもしれない――小惑星の数は、われわれがそうあってほしいと願うよりもはるかに多い。もし万一、これらが地球に衝突したら、大変なことになる。ちょっとした大きさのものが一個衝突しただけで、地球は破滅するだろう。なにしろ、猛烈な運動エネルギーをもっているのだ。

すでにマスコミでも取り上げられているので、ご存じの方も多いと思うが、ここ数年、地球をかすめる小惑星のもつ、この潜在的危険性についての関心が、アメリカを中心として高まり、危険な天体を早期に発見する観測網の整備が進んでいる。そしてその結果、発見または推定される近接天体の数はうなぎ登りに増えつつある。

アメリカのローウェル天文台のE・パウエルがおこなった見積りでは、地球軌道を横切る小惑星の総数は、直径三二キロメートルの非常に大型のものが一個、直径八キロメートル以上のものが、わかっているだけで六個、直径一キロメートル以上になると二一〇〇個以上は確実に存在するという。もちろん、天体が小さくなれば、その数も指数関数的に増大し、直径五〇〇メートル級ならば九二〇〇個、一〇〇メートル級ならば三二万個、一〇メートル級のものになると、実に一億五〇〇〇万個が地球に接近する可能性をもっているのだという。

これらのさらに小さなかけらは、ひっきりなしに地球大気圏に突入し、燃えて流星となり、燃えきらなかった残りは隕石として地表に落下することはご存じのとおりである。最近のある調査によれば、直径一〇メートル級の小惑星は、月軌道以内の空間を毎日一個ずつかすめていてもおかしくはないとされ、実際そのうちのいくつかは、われわれが気づかないあいだに地球大気圏内に飛び込んで、年に何度かは成層圏上層部で戦術核兵器なみの爆発を起こしている——ということである。

これらが、大気によって燃え尽きてしまったり、小さな隕石になってしまえば問題はないが、もし規模の大きなものが地球に衝突したとしたら大変である。そのエネルギーは水爆どころではないので、地球はたちまち死の世界になってしまうだろう（直径二〇キロメートルクラスの著名な小惑星エロスが遠い将来、地球に衝突するかも知れない——という研究が近年の『ネイチャー』誌に発表されて話題になっている）。

だから、もし大型の小天体が地球と衝突する軌道にあることがわかったとしたら、人類滅亡をふせぐために、何が何でもその軌道を変えて、ぶつからないようにしてやらなくてはならない。

そういう理由で、小天体の軌道を変える方法についての研究は、人類の存続のためにきわめて重要なものなのだが、その軌道変更技術の研究は同時に、じつは、小惑星を地球の衛星にしてしまう「小惑星捕獲法」の研究にもなっているのだ。

では、もしそのような小惑星捕獲が実現したとして、その小惑星から、軌道エレベーター用の原料が採掘できるのだろうか？

その可能性をさぐるために、小惑星の成分について、考えてみることにしよう。

(3) 小惑星の成分とは？

小惑星の多くは、太陽系の創生期に無数の微小天体が衝突によってくっつきあい、惑星へと成長していく過程で落ちこぼれた物質、あるいは、そこそこの大きさまで成長した後に、他の天体との衝突によって砕けた惑星のかけらだろうと考えられている。

成長しかけた惑星はいったんその成分がどろどろに溶け、重い物質は内側に、軽い物質は外側に、という具合に成分が自然に分かれる。だからそれが砕ければ、当然、さまざまに成分の違うかけらが生じるだろう。

たまたま、できかけの惑星の中心部に沈んでいた鉄やニッケルの塊が衝突時にはじき出されれば、「隕鉄」などとも呼ばれる鉄隕石の元となり、マントル部分や表面からはじきだされた破片は石質隕石の元となる。

さて、ここで問題となるのは、石質隕石のなかの「炭素質コンドライト」と呼ばれるタイプのものである。コンドライトというのは、内部にコンドリュールと呼ばれる球形の小さな粒子を大量に含む石質隕石のことだが、そのなかでも、とりわけ炭素の含有量が高いものを「炭素質コンドライト」と呼ぶ。

一般に、石質隕石は多かれ少なかれ何らかの有機質分子（炭素を含む分子）を含有しているものだが、炭素質コンドライトのなかでもとくに炭素の含有量が多いものは、隕石の質量の実に三％以上が炭素で占められることもあるといわれる。

そこでたとえば、直径四キロメートル、比重三・五の、炭素を豊富に含む炭素質コンドライトから成る小惑星を一個、地球の静止軌道上に運んできたとしたら、そこからは三五億トンもの炭素が採掘できることになる。これならば、ひじょうに大型で大きな荷重に耐える軌道エレベーターを建造しても、十分おつりがくるだろう。

ちなみに、アーサー・C・クラークの『楽園の泉』のなかでは、純度九〇％以上の炭素からなる軌道エレベーターが「一〇億トンのダイヤモンド」という通称で呼ばれることに宝石商組合が抗議する、という一節があった。

もっとも、実際のところ、炭素質コンドライトはかなり珍しい部類にはいる。

前述のように、小天体の破片が地球大気圏に落ち込むと、流星となって観測され、その一部は隕石として地上で発見されるが、一九九五年現在、世界中で発見されている炭素質コンドライト型の隕石は、すべてを合わせても五〇個に満たないと言われている。しかしそれでも、まずは、そういう炭素質コンドライト型の小惑星を見つけることから、仕事は始まるだろう。

豊富に炭素を含むものを一つ発見すればいいのだし、もし不足であればいくつかの小惑星（あるいは彗星核のこともあるかも知れない）を同時に利用すればいいだろう。もちろんある程度の大きさの軌道エレベーターができてしまえば、炭素を地表から運び上げる作業も並行しておこなえばよい。

（4）小惑星の捕獲方法

さて、もし有望な小天体が発見されたとして、次に考えなければならないのは、どうやってそれを地球周回軌道上まで運んでくるかという問題だ。

小惑星を豊富な資源の源として開発する、という構想は、それこそツィオルコフスキーがすでに発表しているくらい早くからあり、その具体的な方法についても、多くの研究者がこれまでに膨大な数のプランを検討してきた。

アメリカの元宇宙飛行士で、サイエンス・アプリケーション社の経営者であったブライアン・オレアリーによれば、小惑星や彗星核はきわめて脱出速度が小さいため離着陸が簡単で、地球に近接する直径二〇〇メートル以上の天体のうち少なくとも一〇%は、地球からの往復に要するエネルギーが、月への往復よりもむしろ安上がりとなるという。

彼のプランでは、このような天体に、まず高度にロボット化された採掘チームを送り込み、必要な資源を採掘しながら、マス・ドライバー——電磁的に質量を加速して打ちだす発射装置の一種——を建設する。そして、図2・6や図2・7のように、資源精製の過程で出る鉱滓をマス・ドライバーで投棄し、その反動で天体を推進しつつ、じわじわと地球をめぐる周回軌道に天体を誘導していくのである。

一九九一年、NASAの主催する「国際地球近傍天体探知ワークショップ」のシリーズが始まり、翌年には同「迎撃ワークショップ」もスタートしたが、そのなかには、単に地球をかすめる天体を探知し、危険を回避するためにそのコースを逸らせたり破壊したりするだけでなく、それを捕獲して地球周回軌道に乗せることを研究する専門部会もつくられた。

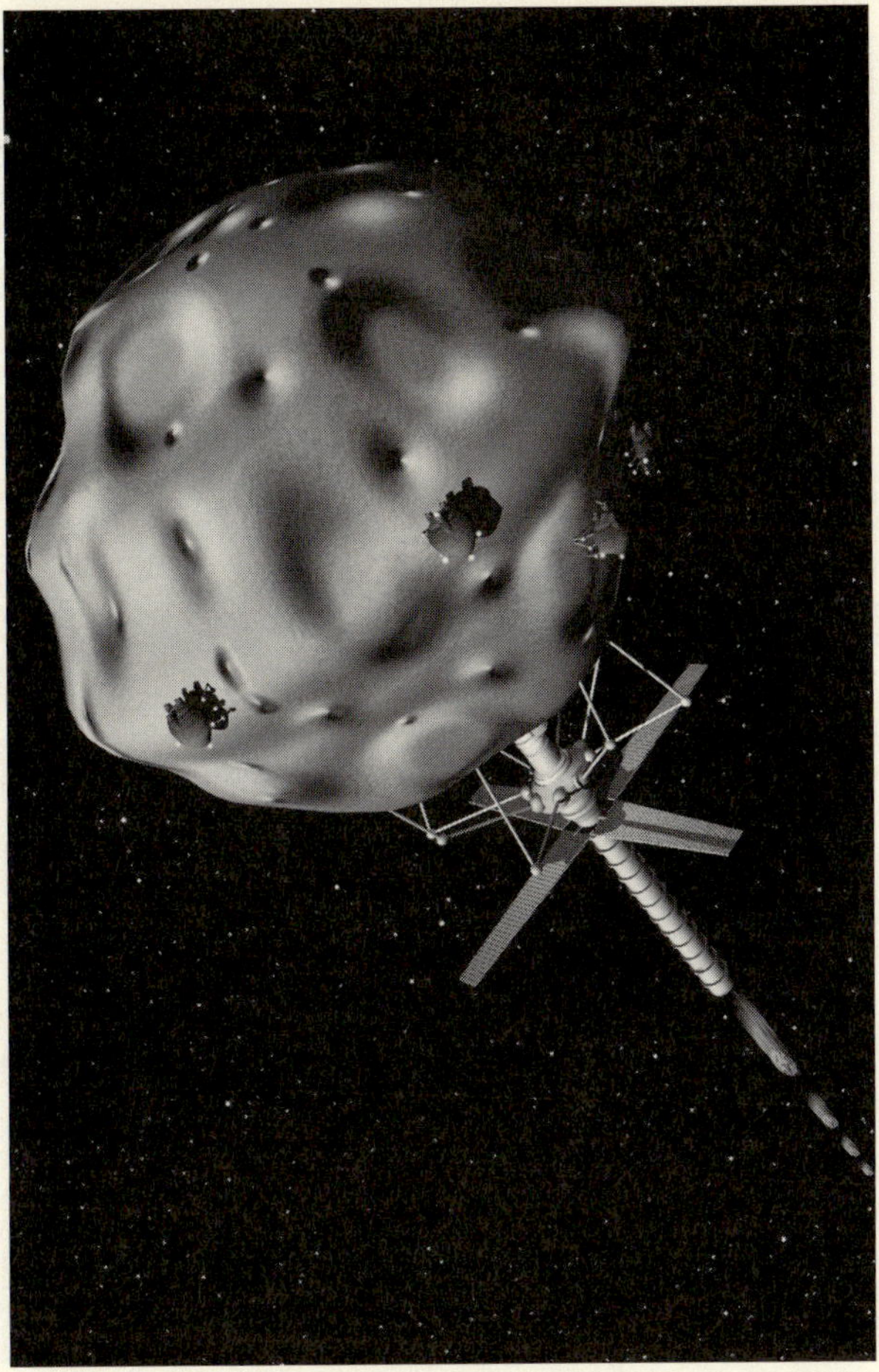

図2・6　小惑星を捕まえる！

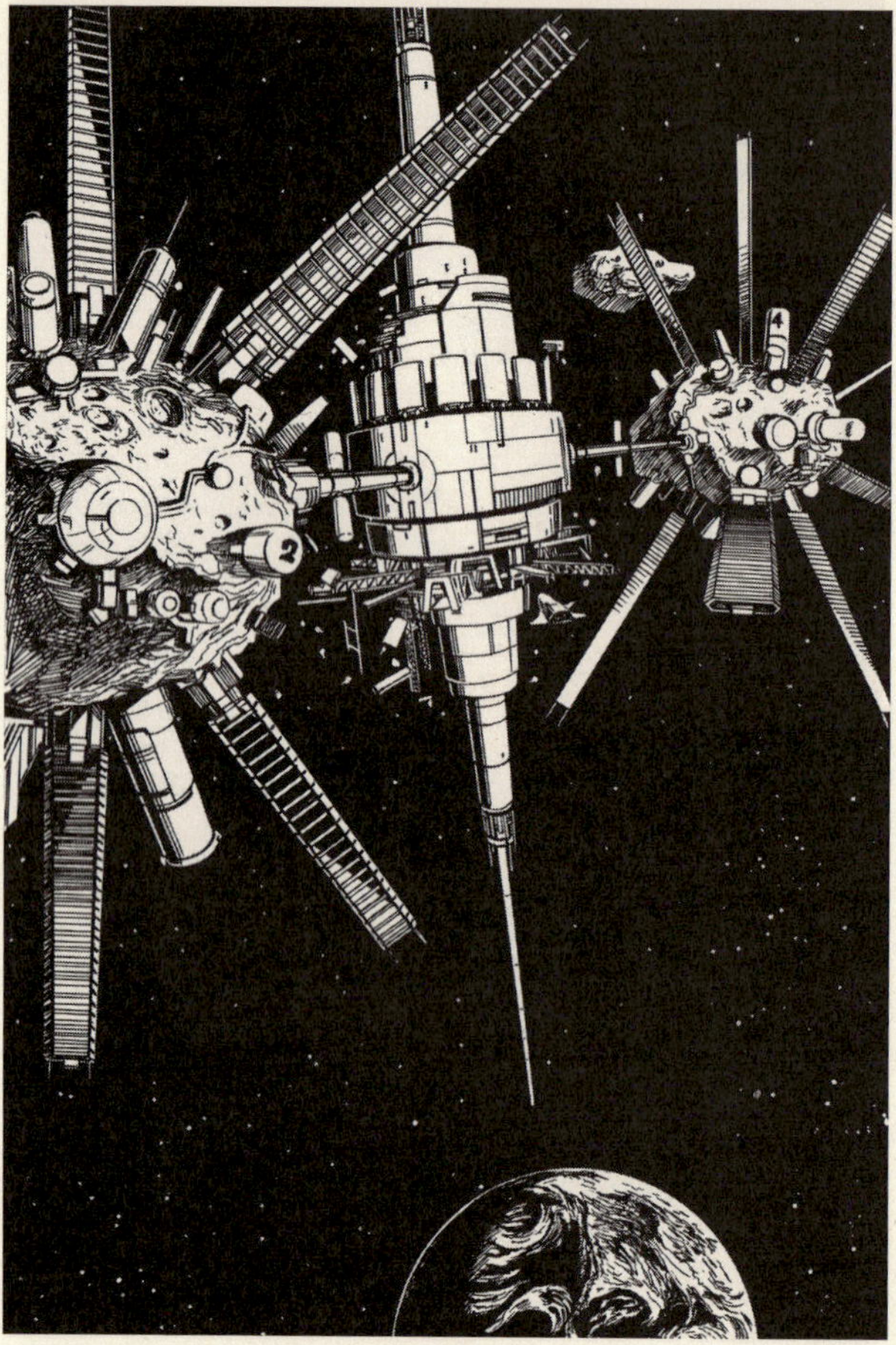

図2・7　小天体で工場を……

つまり、地球を破滅から守る研究だけではなく、軌道エレベーターの原料確保につながる研究もすでにスタートしているのだ。

小惑星の軌道を変更して、危険のない場所に追いやったり、また軌道エレベーターのために地球を周回する軌道にのせたりする仕事の困難性は、その小惑星の軌道や速度によって大きく左右されるが、極端な数値でなければ、その作業はさほど難しいものではない。

手頃な天体を捕獲し、地球の静止軌道に乗せるためには、その天体の軌道速度を、とにかく、地球の引力圏からの脱出速度以下に落としてやればよい。むろん、静止軌道に乗せるためには高度三万五八〇〇キロメートルの静止軌道の速度（秒速約三・一キロメートル）を維持させなければならないし、速度の向きも問題になるが、いったん地球の衛星軌道に捕獲してしまえば、後の速度の微調整は本質的に困難な問題ではない。

ロス・アラモス国立研究所のジャック・ヒルズは、NASAのワークショップにおける小惑星捕獲研究チームの中心人物の一人である。彼が一九九二年、サン・ファン・カピストラーノにおいて開催された迎撃ワークショップの席上発表したプランによれば、地球をかすめる天体のうち少なくとも一五％は、地球軌道付近に遠日点をもち、その運動速度が地球からの脱出速度ぎりぎりであると見られ、したがって、しかるべきタイミングで、核爆発によるブレーキをかけてやれば、簡単に捕獲できるという。

ここで彼が想定しているのは、核爆発でも砕けてしまうおそれのない鉄――ニッケル小惑星だが、直径三五メートル、質量一七万トンの小惑星が、秒速一二・七キロメートルで地表から地球半径分しか離れていない場所を通過するとき、その表面近くで一五〇キロトン級の核爆弾を一発爆発させてやれば、それだけで小惑星を確実に捕獲することが可能であるという。

小惑星が地球近傍を通過するよりずっと前にそれを発見し、軌道要素を確定できれば、われわれはごくわずかなエネルギーでその軌道を変更することができる。

大まかな近似値で言うと、地球との衝突コースに乗った小天体を衝突の何周期も前に発見した場合、秒速七センチメートルという数値を衝突までの残り年数で割り、得られた数値分だけその天体の運動速度を変えてやれば、それだけで、衝突の時点における天体の位置を地球半径分そらしてやれるのである。七年前に天体を見つけた場合ならば、わずか秒速一センチメートルだけその速度を変えてやればよい。

ケプラーの法則によって、同じエネルギーを使って天体を動かすにしても、その天体が近日点にいるときよりは遠日点にいるときの方が、はるかに効果が大きい。したがって、早期に小惑星を発見すればするほどその操縦は容易になり、また、単に軌道を変更するだけでなく、その運動速度を地球に捕獲させるのに適したレベルまで落としていくための時間的余裕も得られることになる。

一九九三年、アリゾナ大学のH・メロシュとモスクワ地球力学研究所のI・ネムチノフは、現時点で考えられるもっとも安上がりな小惑星操縦法として、次のようなプランを提案した。

もし、早期に小惑星を発見し、それが通常のコンドライト質であったなら、その表面の限られた部分に質量一キログラムあたり一五メガジュールのエネルギーを集中させることにより、岩石を蒸発させ、温度一五〇〇℃～二〇〇〇℃、噴射速度が秒速一キロメートルに達する蒸気をつくりだすことができる。

その天体が太陽から一天文単位の距離にあれば、ポリマーの薄膜にアルミを蒸着させた、直径五〇〇メートルの極薄の集光ミラー一基で太陽エネルギーを集めることによって、十分にそのエネルギーを与えつづけることができる。

現在の技術でも、この鏡の重さは一トンにしかならず、現在手持ちの使い捨てブースターでも惑星間空間まで楽に送りだすことができる。これで一年間照射を続ければ、最大直径二・二キロメートルまでの小惑星を操縦することができるし、一〇年かければ直径一〇キロメートルの小惑星が相手でも対処できる。このような鏡をいくつか使えば、小惑星の運動速度を相当広い範囲で変化させせられるだろう。

このほかにも、NASAのワークショップでは、強力なレーザーによって小惑星の表面を気化させ、その反動で推進力を与える方法や、マス・ドライバーで高速の投射体をたたき込む方法、また強力なロケット（核分裂または核融合推進を含む）・タグボートで直接天体を推進してやる方法など、さまざまな技術が検討されている。

いつ、どのような状況でその小天体が発見されるかによって、これらのなかからもっとも費用対効果比のよい方法が選択されることになるだろう。

もっとも、地球に衝突しそうな小惑星が発見されでもしたら、それこそ待ったはないので、地球上の全人類が一致協力して、いかなる犠牲をはらってでも、その小惑星の軌道をそらしてやらなければならない。このそらす作業が結果として、軌道エレベーターやそのほかの資源確保のために地球を周回する軌道に捕獲する作業にも同時になれば、いうことはない。

もちろん、地球の危機は起こらないにこしたことはないが……。

2・3　どうやって安定させるのか？

(1) いよいよ建設だ

前節のような手段で手ごろな小惑星を捕獲し、それを地球の静止軌道に運んでくることができたとしたら、いよいよ軌道エレベーターの建設が始まることになる！

それにはまず、小惑星から炭素を取りだし、それを軌道上の工場で、どこまでも長く長く伸びてゆくホイスカーやナノチューブに加工しなければならない。

直径数キロといった小粒な天体といえども、その表面では微小な重力が作用しているから、本当に完璧な結晶を育てようとしたら、小惑星そのものの上ではなく、そこからやや離れた静止軌道上に、結晶工場とそれに必要な（主に）電気エネルギーを補給するパワー・プラントをつくるのがいいだろう。

小惑星からは炭素のほかにシリコンがいくらでも採掘できるだろうから、それを活用して太陽電池を製造し、太陽エネルギーによる発電プラントをつくるのがよいかもしれない。

さて、工場で生産される長大なホイスカーやナノチューブをどのように軌道エレベーターにしてゆくかであるが、クラークによれば、軌道エレベーターは力学的には巨大な吊り橋と何ら変わりがなく、その建設にあたっても、吊り橋をつくるのと同じ方法が採用されるだろう——ということである。

吊り橋を架ける場合、最初に必要なのは、ごく細い一本のピアノ線である。それをまず凧か何かで（現在では通常ヘリコプターを使うが）向こう岸へ渡し、アンカーと呼ばれる構造物にがっちりと留めてガイド線にする。

一本でもガイド線ができれば、あとはそれに沿ってつぎつぎにピアノ線をはりわたし、しまいには何万トンという吊り橋の荷重に耐えられる太い主ケーブルができあがる（図2・8）。

軌道エレベーターの場合もこれにならえばよい。

すなわち、静止軌道から地上へ向かって、有線誘導ミサイルと実質的には同じものと

図2・8　ガイド線をしだいに太くしてゆく

言っていいビークル（『楽園の泉』や『星ぼしに架ける橋』の中ではスパイダーと呼ばれている）を発射し、まず最初の一本の細いワイヤを渡してしまう。むろん、つけ根の部分でも太さは一ミリメートルに満たないが、いかに細くとも軌道エレベーターにはちがいないのだから、ちゃんとこのワイヤは先端に向かってテーパをもっている。

また、地上への発射と同時に、数トン分のその質量とバランスをとるために、上——すなわち宇宙——へ向かっても同様のワイヤを発射する。

地球の重力井戸のなかへ下りていくのに比べ、そこから上へ向かう場合、遠心力はずっとゆるやかに効いてくるから、ワイヤの長さ——すなわちエレベーターの長さ——は上の方がずっと長い（図2・3など参照）が、前にも述べたように、適当な位置にステーションをつくる設計になっていれば、そこまで伸ばさずとも、アンカーの役目をする質量のかたまりを——小惑星採掘の鉱滓などを使って——つくればよい。

1・2節の式（1・5）のところで数値を記したように（四四頁参照）、静止軌道よりすこし上のところまで行けば、その接線速度は脱出速度を上まわるようになるのだ。

この作業において、何よりも難しいのは、秒速何キロメートルという速さでこのワイヤを繰り出していく糸巻きの設計であろうとクラークは述べている。

いったんこのガイド線ができれば、それから後は、この線に沿ってひたすら似たような線を増やしていくのみである。

こうして、静止軌道に置かれた小惑星を起点に、吊り橋を架けるのと同じ方法でエレベーターを建造していくのが、おそらくはもっとも堅実な方法であろう（図２・９）。

以上のクラーク流の手法にたいして、同じＳＦ作家のシェフィールドが提示するのは、途中の細かな工程を一切すっとばす即戦即決のテクニックである。

すなわち、宇宙空間で、いきなり一体構造の巨大なエレベーターを単一の結晶としてつくり上げてしまい、これを宇宙空間から地上に突き刺して、末端が接地した瞬間そこをがっちりと固めてしまう、というわけだ。

クラークはこれを、「髪が逆立つような方法」と形容したが、リスクの大きさはともあれ、軌道エレベーターの建設を映画にでもするなら、シェフィールド式の方法はさぞかしスペクタキュラーな見物となることだろう。

図2・9　完成まぢかの軌道エレベーター

(2) どこに構築するのか？

さて、つぎに検討しなければならないのは、いったい地球上のどこに最初の軌道エレベーターを構築するのか——という問題である。

静止軌道上ならば、原理的にはどこに建設してもよさそうなものだが、実際にはそう話は簡単ではない。

というのは、地球の重力場は完全な球対称ではなく、赤道で輪切りにしたその断面はわずかながらでこぼこしている。つまり、同じ赤道上でも、場所によってわずかながら重力場の大きさに違いがある。したがって、静止衛星軌道上に放置された物体は、しだいに「重力ポテンシャルの低い」場所へと流れていってしまうのだ。

実際問題として、いったん静止軌道に乗った現在の実用衛星類も、ごく低推力のスラスター（エンジン）を噴かしつづけることによってのみ、その位置や姿勢を厳密に保つことができる。よく話題にのぼる、通信衛星や放送衛星の寿命が尽きるというのは、たいがいはこのスラスターの燃料切れのことである。放送衛星が故障したとき、いったん寿命のつきた前の放送衛星を臨時に使用できたのは、この燃料が多少は残っているうちに、使用を中止するというきまりになっているからである。

現在、静止衛星軌道には、こうして静止衛星が流されてくるポイントが二つ知られている。一つは西経九〇度付近、ちょうどガラパゴス諸島の真上にあり、もう一つは東経七三度付近、インド洋のモルディブ諸島の真上にある。このうちモルディブの方がより安定度が高いため、自力で静止できなくなったすべての静止衛星は、最終的にモルディブ上空に集まってくることになる。

クラークによれば、モルディブ諸島の南の端に近く、ちょうど赤道直下に位置し、イギリス空軍が島を借り切っているガン島が、まさにどんぴしゃの位置にあり、将来世界でもっとも価値ある不動産となるだろうという（図2・10）。

しかし、地球から宇宙への出口がたった一つしかないというのは困った話である。

もし、軌道エレベーターが実際に建造される時代になっても、まだ地球上にいくつもの強力な国家もしくは政治ブロックが存在していたとすれば、彼らは皆自前のエレベーターを欲しがるだろう。しかし、それら別の赤道位置のエレベーターは、現在の静止衛星とは比較にならないような大推力のスラスターを常時噴かしつづけていなければ、何億トンという慣性質量のもつ押し止めようもない力で、ずるずると赤道上を流されていくのである。

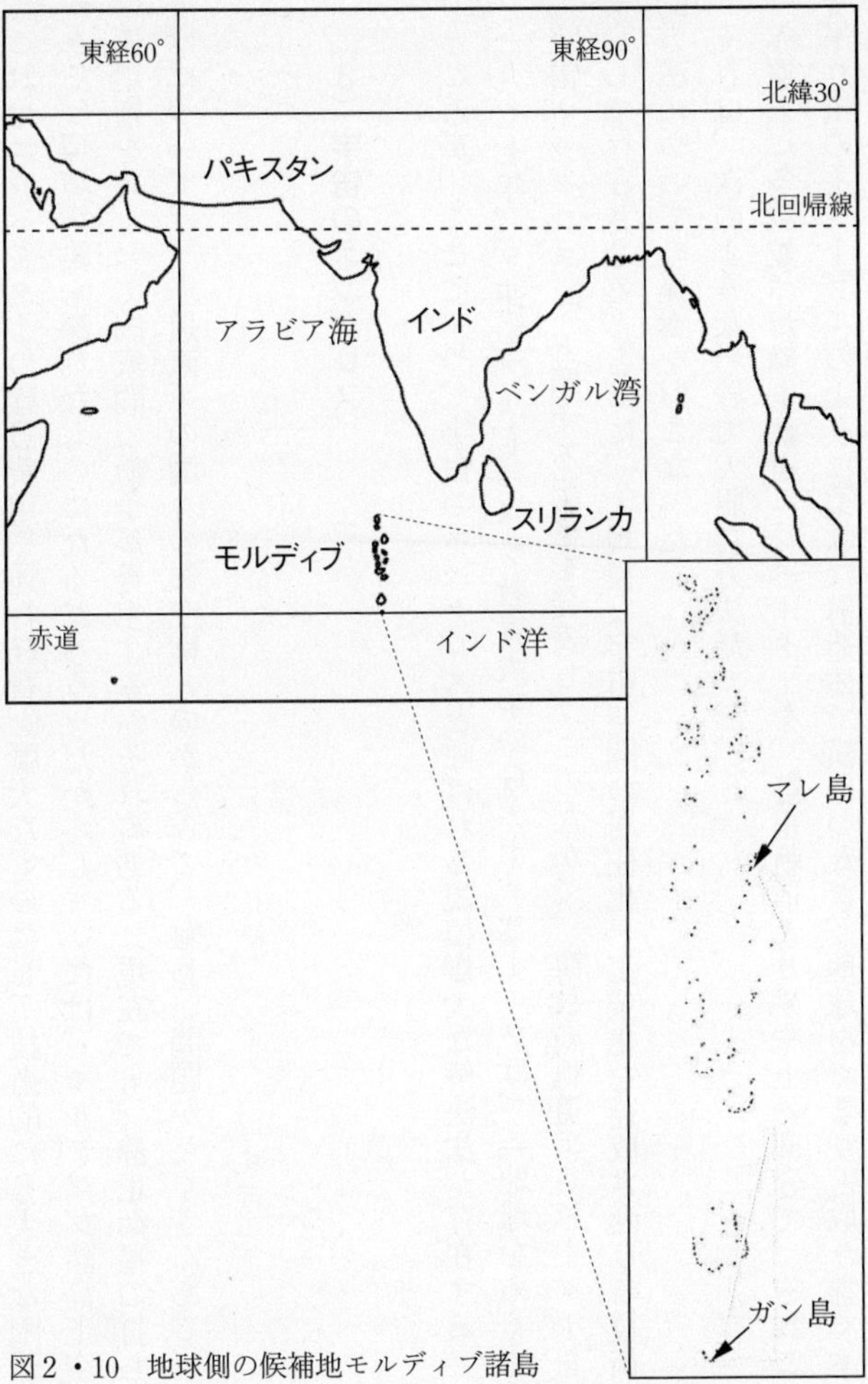

図2・10　地球側の候補地モルディブ諸島

これはエレベーターの建設費用や運行経費を膨大なものにし、技術的にも大きな困難がある。環境汚染も深刻なものになるだろう。だからしまいには、モルディブ諸島上空の使用権をめぐって国家間の紛争が発生するおそれもある（現在でも、静止衛星の打ち上げについては、赤道直下の国々の領空権とのからみで、難しい問題がたくさんある）。

(3) 宇宙のネックレス

ところが、ここに一つ、宇宙のネックレスと呼ばれる規模雄大な解決法が存在する。一九七七年、ソ連のアストラハン教育大学のG・ポリャーコフは、「地球をめぐる〝宇宙ネックレス〟」と題する記事を発表し、このなかで、複数の軌道エレベーターを安定して存在させるとともに、大規模な宇宙空間の居住化・工業化を達成させうる技術的方法についての提案をおこなった。

それは、次のような巧妙で大胆な方法だった。

赤道上に多数並べた静止軌道エレベーターを、静止軌道よりやや上の部分で、それこそ吊り橋の主ケーブルのように柔軟な構造体で横につなぎ、地球をぐるりと取り巻くネックレスを建設するのである。

ネックレスには均等に遠心力がかかるため、ネックレス全体は自然にぴんと張ってきれいな円形のリングになる。このリングがそれぞれのエレベーターを左右から引っ張って、その位置を安定させるのである。

これによって、各エレベーターを単独で安定させるためのスラスターは不要なものになるだろう。

しかも、このリングそのものを居住空間や工業施設として利用すれば、膨大な量の人口を収容することができる。ポリャーコフの構想では、ネックレスの全周は二六万キロメートルに達し、一〇〇キロメートルごとに一万人を住まわせても二六〇〇万人が居住できる。もちろん、このリングのあちこちには太陽発電プラントや農場・工業施設も建設され、完全な自給自足体制がとられる。

このリングをさらに何重にも重ねれば、それこそ何億、何十億という人間を養うことも不可能ではない。

クラークの『楽園の泉』の最終章に登場するのは、これによく似た、五億の人口を擁する「リング都市」のヴィジョンである。ここでもまた、クラークはタッチの差でアイディアのプライオリティを主張することができなかったが、むろん「リング都市」はク

図2・11　リング都市・ネックレス都市

ラークが独自に到達したアイディアであり、最終的には誰もがそこに落ちつかざるを得ない論理的帰結でもあった（このリング都市は、静止軌道そのもので各エレベーターを横につないでいる点だけがポリャーコフのネックレスとは違う）。

静止軌道エレベーターの完成は、まちがいなく人類の宇宙への大拡散をうながし、軌道リング都市建設への道を——そしてさらには惑星コロニーへの道を——拓くことになるだろう。

第3章　軌道エレベーターの新展開

3・1　地球以外の惑星ではどうなるのか？

（1）各惑星の静止軌道を調べよう

これまで、地球の赤道上空に建造される軌道エレベーターについて調べてきたが、こういう軌道エレベーターを利用して他の惑星まで旅行する時代のことを想像すると、旅行先の惑星にも同じような軌道エレベーターがあると便利だ――と気づくだろう。

軌道エレベーターは、赤道から静止してみえる静止軌道を基準にして建造されるので、ある惑星にそれが建造可能かどうかは、その惑星にとっての静止軌道がほどほどの高度にあるかどうかにかかっている。

つまり、地球の静止軌道である赤道上空三万五八〇〇キロメートルと同程度かそれ以下でないと、建造は困難になるのだ。技術レベルや資材の必要量もその困難性の理由であるが、太陽の重力場が無視できなくなることもまた、大きな理由である。

では、太陽系の他の惑星の静止軌道はどのくらいの高度なのだろうか。

これを計算するには、第1章の式（1・2）に、自転周期Tから計算される軌道速度を代入してやればよい。

その結果として、惑星の重心から静止軌道までの距離rは、

$$r = \left[\frac{N}{(2\pi)^2}\right] T^{\frac{2}{3}} \qquad (3 \cdot 1)$$

——で求めることができる。

この式のNは、式（1・2）などで用いた地心重力定数μに相当する量で、重力定数に惑星の全質量をかけたものでもあり、また赤道での重力加速度に赤道半径の二乗をかけたものでもある。

このことから、静止軌道は、その惑星の質量が大きいほど高く、自転の周期（一回転するに要する時間）が大きいほど高いことがわかる。逆にいえば、軽くて速く自転する惑星ほど、その静止軌道は低いところにあるのである。

式（3・1）によって、各惑星（太陽や月も含めて）の静止軌道の、赤道からの高さをおおまかに計算してみると、表3・1のような数値が得られる。

地球に近い惑星は金星と火星であるが、金星は桁はずれに高い位置に静止軌道があることがわかる。これは、太陽の重力の影響を強く受けて自転がとてもゆっくりしているからである。

一方、火星のほうは、好都合にも、地球よりもずっと低い位置に軌道がある。その理由は、自転が地球とほとんど同じなのに、質量は地球の一〇・七％しかないからである。赤道半径も半分ていどで、密度は七〇％にすぎない。

質量も密度も小さい関係で、赤道上の重力（赤道重量）は地球の三八％でしかなく、そのうえ大気も希薄なので、荷物を打ち上げるのも地球よりずっと簡単である（脱出速度も地球の半分以下）。

地球より低い高度に静止軌道があるもうひとつの惑星に、冥王星があるが、まだわかっていないことの多い太陽系さいはての惑星だし、太陽からのエネルギーも地球の一〇〇分の一以下という極寒の地なので、開発はだいぶ先のことになるだろう。

――というわけで、近隣で親しみのある火星が、地球以外で軌道エレベーターを建設できる――しかも、地球よりもずっと小規模で工事も楽なエレベーターを建設できる――

表3・1　各惑星における静止軌道の高さ

太陽	2460万3000 km
水星	24万1000 km
金星	153万3000 km
地球	3万6000 km
月	8万7000 km
火星	1万7000 km
木星	8万5000 km
土星	4万7000 km
天王星	5万7000 km
海王星	5万8000 km
冥王星	1万8000 km

ただし、どの星も孤立した球形だと仮定している

―もっとも有力な候補地ということになる。地球から近いということも、大きな利点であるし、また最近の研究では、原始的な生命が存在していた証拠も見つかってきたらしい。夢のある惑星なのだ。

しかも火星には、このほかにも、さまざまな利点がある。前述したSF『楽園の泉』のなかでクラークは、その利点を手際よく指摘している。それを以下にご紹介してみよう。

(2) 火星の軌道エレベーターの利点

まずなによりも、地球にくらべて技術的に簡単で安価ですむことがあげられる。「おそらく、建設のための直接経費は地球の場合の一〇分の一以下ですむだろう」と、小説中の人物が述べている。

クラークのSFでは、登場人物のこの種の発言はつねに厳密な計算にもとづいている――と考えられる。そこで、簡単に検討してみよう。

前掲の表3・1によって、火星の静止軌道の高さは一万七〇〇〇キロメートルである。

これを地球の静止軌道三万五八〇〇キロメートルで割ると、四七%になる。もしこの比でエレベーターの寸法がきまると仮定すると、体積は長さの三乗なので、一一%となる。体積はほぼ材料の量と考えられるので、材料費が一一%ですむという計算になる。

さらに、テーパ比や地表から軌道への材料の運搬や各種の工事のしやすさが、地表重力の大きさに左右されることを考えると、地球の三八%しかない火星の赤道重力は大きな利点であり、建設費はさらに安価になると推定できる。

クラークがどのような計算をしたかはわからないが、火星そのものを開発する費用を別にし、軌道エレベーター建設のみの直接費で比較するかぎり、「一〇分の一以下ですむだろう」という発言は、納得のいくものである。

つぎに、火星地表の構造からくる利点がある。

火星の赤道には「パヴォニス山」と呼ばれる巨大な死火山があり、その標高はじつに二万一〇〇〇メートルにも達し、大気圏の上に突き出ている。火星は表面重力が小さいので、山は地球よりはるかに高くなりうるのだ。われわれは軌道エレベーターの地表部分(固定点)として、この高峰を利用することができる。

地球においては軌道エレベーターの末端は大気圏内に固定され、ここに吹きつける強風が、エレベーターの安定性をさまたげ、よけいな張力をかける大きな障害要因となる

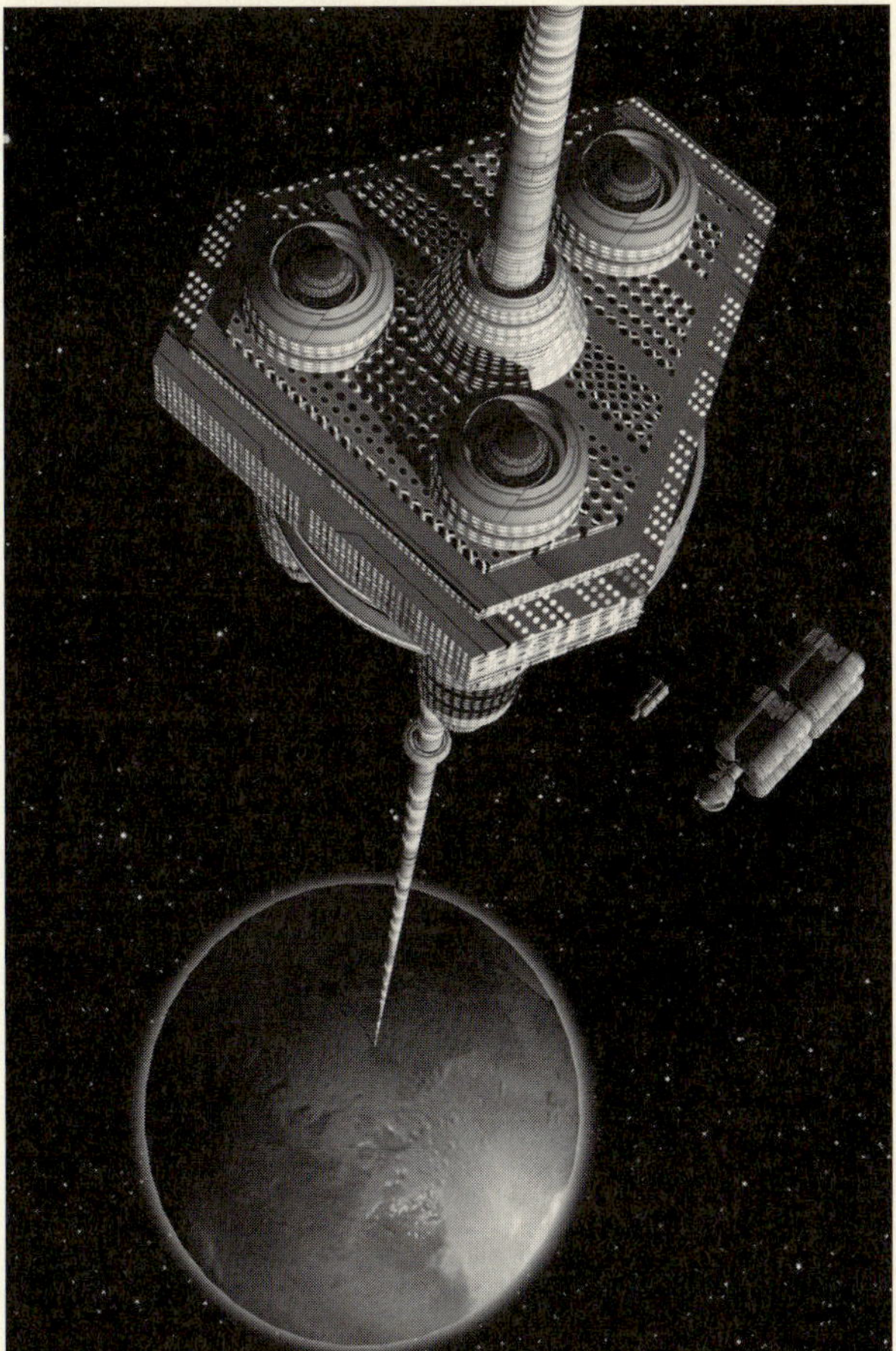

図３・１　火星の軌道エレベーターの遠景

が、パヴォニス山の山頂は、火星の希薄な大気のはるか上に突き出しているので、風の心配をすることはいっさいないのである。

さらにもうひとつ、火星の上空には、自然の恵みとでもいうべき、軌道エレベーターにとっての強力な援軍がある。

それは、衛星である。つまり火星の月である。

火星には二つの月があるが、その一方のダイモスは、直径が一〇〜一六キロメートルという小ささで、質量も火星そのものの一億分の一よりもずっと少ない（2×10^{15} kg ていど）。

そしてその軌道は、赤道から約二万三〇〇〇キロメートルのところにある。つまり静止軌道より三二〇〇キロメートルほど外側を回っているだけなのだ。

これは言いかえれば、ごく手ごろな位置に、天然のアンカー質量がある――ということを意味している。

またダイモスには相当量の炭素や珪素が含まれているだろうから、これを抽出し加工してエレベーターの建設資材に使うことも考えられる。まさに「天」の恵みである。

もっとも、「天」にあるものが恵みだけだとはかぎらない。火星でエレベーターを建設するにあたって大きな問題になるのは、もうひとつの衛星、フォボスの存在である。

フォボスもまた小型の衛星で、大きさは直径で二〇キロメートル前後、質量は火星の一億分の一ていど（1.28×10^{16} kg）であるが、問題はその軌道で、赤道上空わずか六〇〇〇キロメートルのところにある。つまり、静止軌道の三分の一という低高度を周回しているのだ。このことはすなわち、軌道エレベーターにぶち当たる――ということを意味している。

軌道エレベーターとフォボスが同一点にくる周期はほぼ一一時間なので、半日に一度は、一二八〇万メガトンという巨大な岩のかたまりが、秒速一キロメートル以上の猛スピードで体当たりしてくることになるのだ。

これは大変なことである。

この問題にたいするクラークの解答は、いかにもクラークらしいエレガントなものだった。エレベーターを上昇してゆく荷重の量とその速度を調整することによって、われわれはエレベーターにどのような振動でも与えることができる。これだけ長大で柔軟性を備えた構造物であれば、エレベーター上の特定の点を数キロメートル、数十キロメートルという振幅でゆったりと左右に揺らすことは簡単である。

したがって、フォボスがエレベーターを直撃するはずの時間と場所から、エレベーターはつねにするりと身をくねらせ、紙一重の空間を残しながら、絶対にフォボスに衝突

図3・2　フォボスと軌道エレベーターの展望台

しない——という手品が可能になるのだ。

むしろこの瞬間、火星エレベーターを運行する会社なり公団なりは、高度六〇〇キロメートルに設けられた展望台にエレベーターを停止させ、特別料金をとってお客にこのスリル満点の眺めを見せるだけの値打ちがあるだろう、とクラークは述べている。

まさにこれは、全太陽系のどこへ行っても見られない、火星観光の最大のアトラクションの一つである。実際に火星エレベーターが建造されるときには、まちがいなく、この通りの情景が火星周回軌道上に日毎くりひろげられることになるだろう（フォボスを全部こわして軌道エレベーターの材料に使ってしまう、フォボスの軌道を変えてしまう、フォボスの高度を変えてアンカー質量に使う……といった、クラーク以外の解決法もないではないが、「無理をしないで自然を生かす」という点でクラークの方法はじつにエレガントである）。

この魅力的な火星の軌道エレベーターは、遠い将来、地球との航路や他の惑星への進出の基地として、大いに栄えることだろう。図3・1や図3・2のイラストにその想像図が描かれている。

3・2 月と地球を結ぶ方法がある!

火星に軌道エレベーターが建設可能で、しかも地球より安価にできそうなことはわかった。では、地球にもっとも近い天体である月ではどうなのだろうか。

前記の表3・1(一四二頁)を見ると、月の静止軌道は八万七〇〇〇キロメートルのところにあることになっている。これではすこし遠すぎるようにも思える。

しかしじつは、これより近いところに、静止軌道に相当するポイントがあり、月面からの軌道エレベーターも十分に可能性があるのだ。

(1) ラグランジュ点

表3・1の値は、月が単独で存在している――という仮定にもとづいて計算した結果である。しかし、月は地球の衛星であり、しかもかなり近距離にある。だから、とうてい単独の天体とは言えない。

月面での軌道エレベーターを考えるばあい、だから、地球の重力の影響を組み入れた天体力学的な計算をしなければならない。つまり、地球と月と、軌道エレベーターの各点に相当する小さな質量との、三つの天体があるとして、力学的な計算をしなければならない。

厳密にはこれに太陽の重力が重なるので、四つの天体として理論検討をしなければならず、現実にもそのような研究が行われている。だが幸いにも、地球付近では太陽の影響はごくわずかなので、ここでは近似的に、重力をおよぼすのは地球と月のみであるとして考えてみよう。

このようなばあいの天体の軌道問題は、制限つきの三体問題と言われており、その昔、有名な数学者のラグランジュによって初めて解かれた。

その結果として、地球と月の周辺に、力が働かない五つの点が存在することが明らかになった。この五つの点を、理論解析した学者の名前をつけて、ラグランジュ点（またはラグランジュ平衡点）と呼んでいる。

それを図示したのが、図3・3である。地球の質量が圧倒的に大きいので、地球のごく近くに地球と月を合わせた重心点があり、この点を中心として地球と月が周回している。この周回に合わせて、地球や月との相互関係をくずさずに（小質量物体が）動くことのできる点がラグランジュ点であり、図でL1からL5までの記号で示されている。

たとえば、L5であるが、ここにある小質量物体に作用する力は、三種類ある。ひとつは、地球の重力場によって地球の向きに引きつける力である。もうひとつは、月の重力場によって月の向きに引きつける力である。さらにもうひとつは、全体が重心Oの周囲を周回することによって生じる遠心力である。L5についていえば、地球と月による力は内向きであり、遠心力は外向きであるため、この位置ではその両者はうまく相殺して、ゼロとなっている。つまり、力が働かない平衡点となっているのだ。

L1〜L4についても同様なことが言える。ただL1のばあいは、月の重力と遠心力とが同じ向きをしており、地球の力が逆向き——という特色がある。

われわれの目的にとって魅力的なのは、地球を向いた月面に近いこのL1点である。L1は、速く自転する地球からは静止して見えないが、月は常に同じ面を地球に向けているので、月面からは静止して見える。

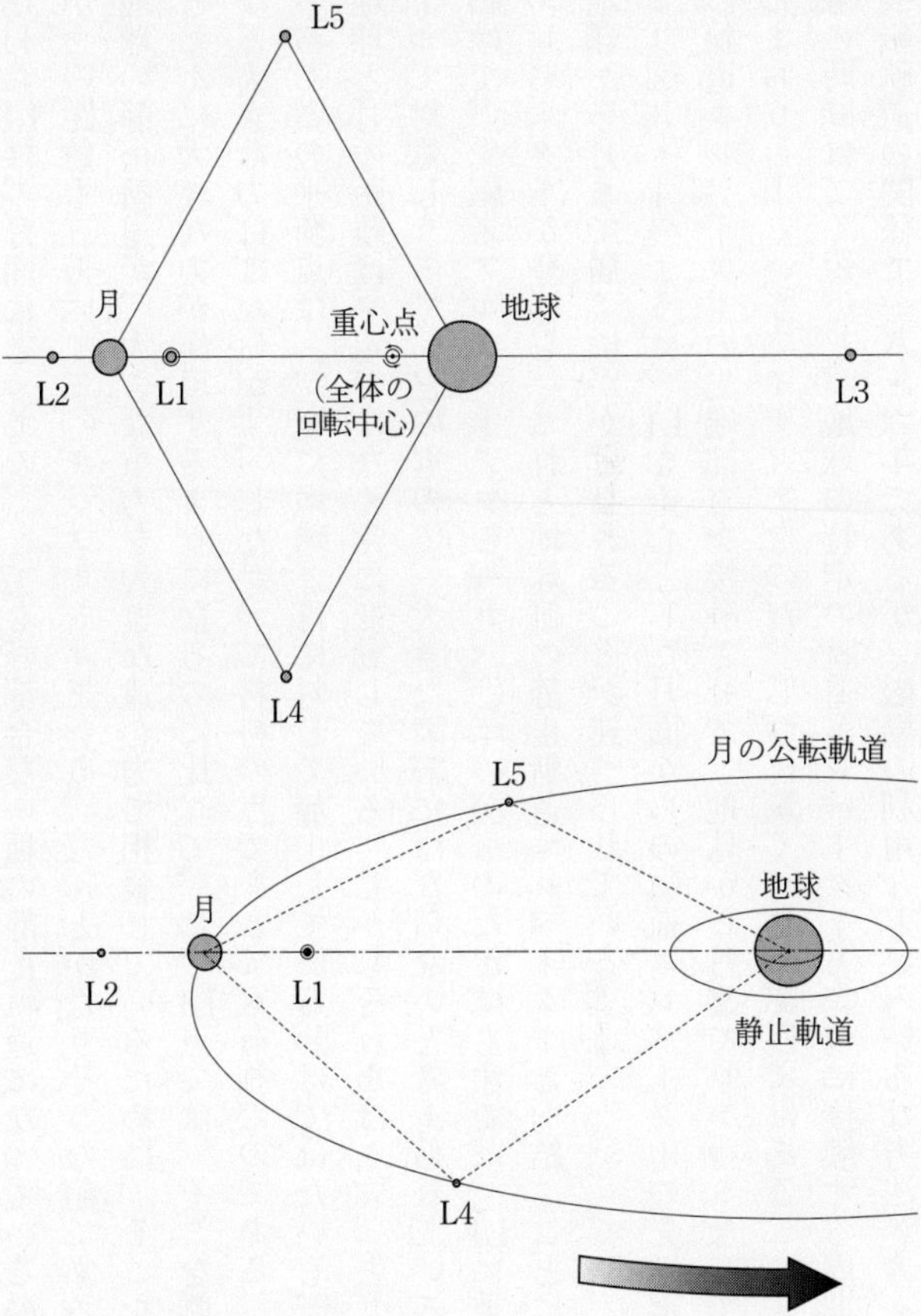

図3・3　ラグランジュ点のふしぎ

すなわちL1は、月面にとっての、とても好都合な一種の静止軌道になっているのだ。月面からの距離も五万六二三〇キロメートルという、なんとかなりそうな値である。また、地球の静止軌道が、大きな重力を大きな遠心力で相殺しているために、そこを離れるとたんに大きな力が作用するようになるのに比べて、このL1点では、そこを離れてもさほど大きな力ははたらかず、したがって材料の点でもとても有利なのである。

もちろんこの平衡点は、完全に地球と月に対して静止しているわけではないし、そもそも地球と月の距離は一定ではなく常に変動している。しかしそれらはちょっとした工夫によって対処しうるていどのもので、大きな障害にはならないと考えられている。というわけで、先駆者アルツターノフの一九六〇年の記事のなかにもすでに、L1に重心をもつエレベーターが登場し、これと地球側の静止軌道エレベーターとを結ぶことによって、地球から月まで届く橋がかけられることが述べられている。

つまり図3・4のように、L1を重心とした月面からの軌道エレベーターの先端部と、地球の軌道エレベーターの先端部とを接触させて、地球から月までロケットなしで旅行してしまおう——というアイディアなのだ。じつに驚くべき先駆性ではある。

接触の時間はごく短いし、地球の特定の軌道エレベーターと完全に接触する周期は、月の公転軌道の関係で一八・六年であるが、磁場の利用などいろいろな方法が考えられ

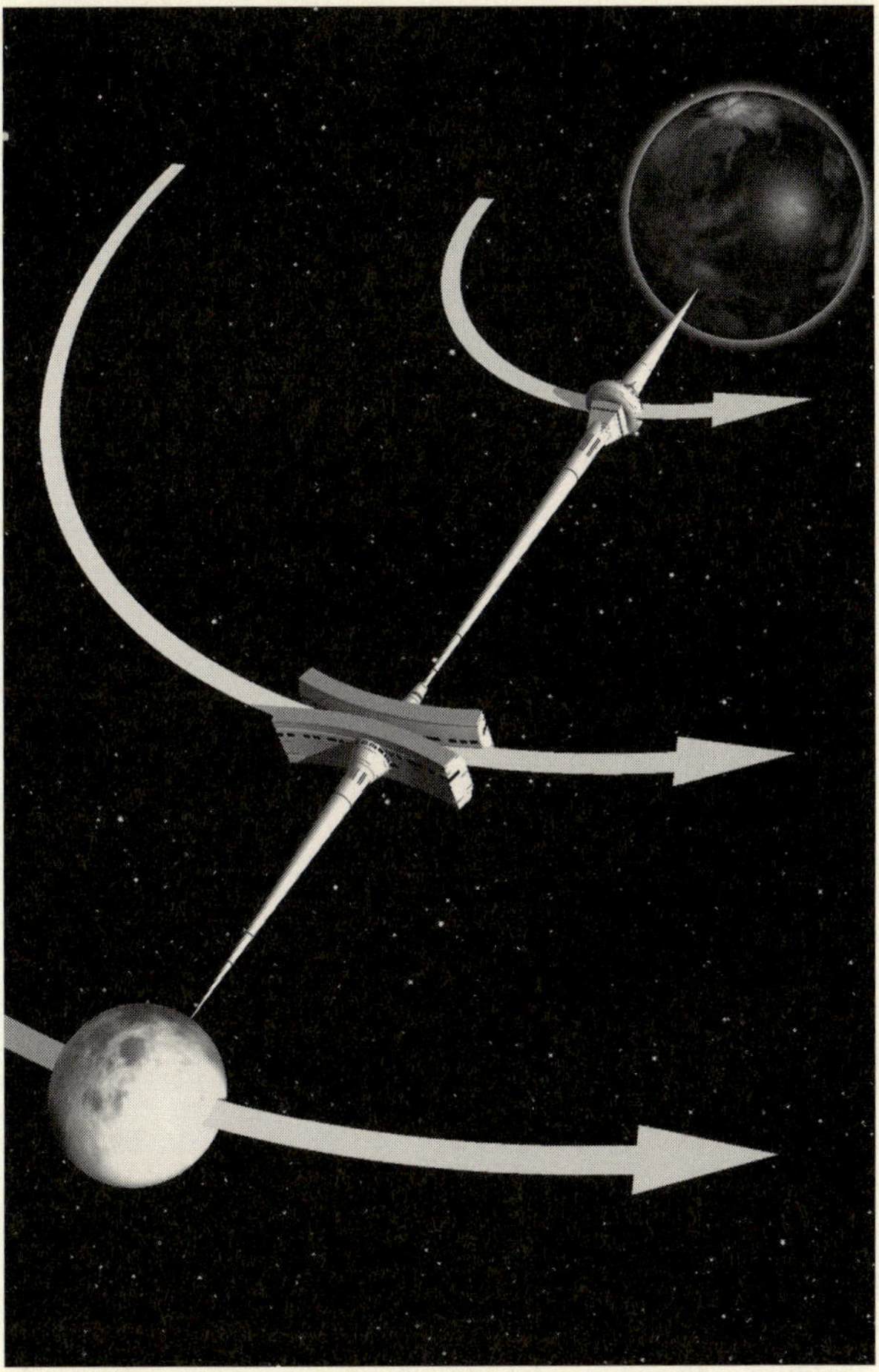

図３・４　地球から月への架け橋

るし、また、シャトルのようなものを使っても、軌道エレベーターがまったくないばあいに比べれば、圧倒的に有利な月面旅行が可能となるだろう。

この月面用軌道エレベーターについて、数々の新規なアイディアをだし、詳細な理論計算をしたのが、ジェローム・ピアソンである。

(2) 月面用軌道エレベーター(L1エレベーター)

一九七七年から一九七九年にかけ、ジェローム・ピアソンは、月に対して相対的に静止する宇宙建造物に関する論文をたて続けに発表し、そのなかで、地球―月系のL1エレベーターに関する詳細な考察をおこなっている。

L1点と月面の距離は、地球における静止軌道の高さよりもかなり大きい。しかし、月の重力は地球に比べてずっと小さいため、地球の静止軌道からエレベーターを建設するよりも、その制約はずっとゆるやかなものになる。

ピアソンは、一九七九年当時まだ実際には存在しない、超大型のホイスカーではなく、すでに工業レベルで量産されている石墨/エポキシ系の複合材料を使用するL1エレベーターを想定した。この材質の破断長はわずか八一・六キロメートルしかないにもかかわらず、テーパ比三〇程度で、五万キロメートルの高さから月面に到達するだけのエレベーターが実際に建設可能なのである。テーパ比三〇というとかなり大きいように聞こえるが、この材料は比重が一・五五しかなく、現時点でただちに軌道エレベーターの建設資材として使えるというその魅力は、何ものにもかえがたい。

そうしてできた、L1点から地球の引力圏のなかにぶらさげる逆方向のエレベーターの長さは、およそ二四万キロメートル、総計でL1エレベーターの全長は二九万キロメートルに達する。ピアソンの試算では、月面側末端の断面積を一平方センチメートルとし、テーパ比三〇のL1エレベーターを石墨／エポキシ複合素材でつくったばあい、エレベーターの総重量は五三万トン、そして、月表面での有効荷重は七四トンとなる。

静止軌道エレベーターに使用が予定されているような単結晶ホイスカーなどがもし使えるなら、その輸送能力は目を見張るものになるだろう。破断長が一〇〇〇キロメートル前後の酸化ベリリウムや炭素／珪素の結晶素材を使ったばあい、テーパ比はわずか一・五前後ですむという。理想的なホイスカーならば、ほとんどテーパをつける必要がないとさえ言われている。

L1エレベーターの全長をピアソンの設計どおり二九万キロメートルとすると、地球〜

月の距離は三八万キロメートルほどだから、地球からのびる軌道エレベーターの長さが九万キロメートル以上あれば両者の先端は接触可能だということになる。

第2章でくわしく述べたように、アンカー質量で短く終端しないばあいには、地球の軌道エレベーターの長さは、どうしても一〇万キロメートル以上は必要なので、九万キロメートル以上というこの長さは、自然のうちに満たされることになる。

純然たるSF的空想だと考えられていた地球と月とを直接むすぶ通路が、ひょっとすると、現実になるかもしれないのだ。

まさに夢の架け橋である。

ピアソンはこのほかにも、地球からみて月の裏側にあるL2点（月面から六万二七二六キロメートル）を利用したエレベーターの検討もおこなっており、その「ゆれ」を利用した裏面との通信なども提案している。

３・３　静止軌道をもちいないアイディア

静止軌道をもちいる軌道エレベーターのアイディアは絶妙なものであり、地球や火星においては、画期的な材料の開発さえあれば、理論的には建造可能であることがわかった。また月のような特殊な天体のばあいでも、ラグランジュ点という、実質的に静止軌道といえる点が存在し、それを利用すればかなり有利な軌道エレベーターが建設できることがわかった。

さて、では、それ以外の天体ではどうだろうか？

３・１節に記した静止軌道の一覧表から、極寒かつさいはての遠惑星なら可能性があるが、地球より太陽に近い場所にある水星や金星では、静止軌道は数十万キロメートル、百数十万キロメートルといった遠方にあり、もし建造しようとすると、たいへんな物量が必要となる。

量だけの問題ならば、遠い未来には可能性があるかもしれないが、このような太陽に近い惑星では、太陽の重力場がひじょうに強く作用するので、惑星が単独に存在するという仮定は成りたたなくなっており、そのため、前記の表3・1（一四二頁）の数値は架空のものにすぎなくなってしまっているのだ。

太陽に近い惑星の周辺の微小物体の運動を記述するには、最低でも太陽とその惑星を含んだ系、つまり、図3・3で地球のかわりに太陽を、月のかわりに惑星を置いたような制限つき三体問題を解く必要がある。その結果としてやはりラグランジュ点が求められるが、残念ながら水星も金星も、自転がゆっくりしているとはいえ——月が地球にいつも同じ面を向けているのとは違って——太陽に常に同じ面を向けているわけではないので、それらのラグランジュ点は惑星の地表から見て静止はしてくれないのである。

だからこういった惑星にエレベーターを建造しようとするには、静止軌道やラグランジュ点を利用しなくてもよい新しいアイディアが必要となってくる。さらに地球のばあいでも、静止軌道を基礎とする長大なエレベーターではなく、もっと小型化されたエレベーターが望ましいことは言うまでもない。

このような要求から考え出されたのが、「非同期軌道型エレベーター」または「非同期軌道スカイフック」と呼ばれるものである。

(1) 非同期軌道型エレベーター

「非同期軌道」とは、静止軌道よりもずっと低高度の、地球(または他の惑星)の自転とは同期していない軌道を意味している。

まず、地表に近い軌道を考える。軌道は地表に近いほど短い周期で一周するが、その軌道に重心をもつ細長い人工衛星をつくったとする。静止軌道のエレベーターで考えたのと同じ原理で、いくら細長くてもその重心点は軌道を周回するだろう。

そしてその長さを、地表に垂直になったときに、ちょうど先端が地表に近接するようにしておく。

つぎに、この細長い人工衛星に自転を与えてみる。するとその先端は、ある一定の時間ごとに地表に達し、またある時間ごとに地表からもっとも離れた点に達するだろう。

その様子を大まかに描いたのが図3・5である。

図をご覧になれば、自転しつつ周回するエレベーターの利用によって、じつにあっさ

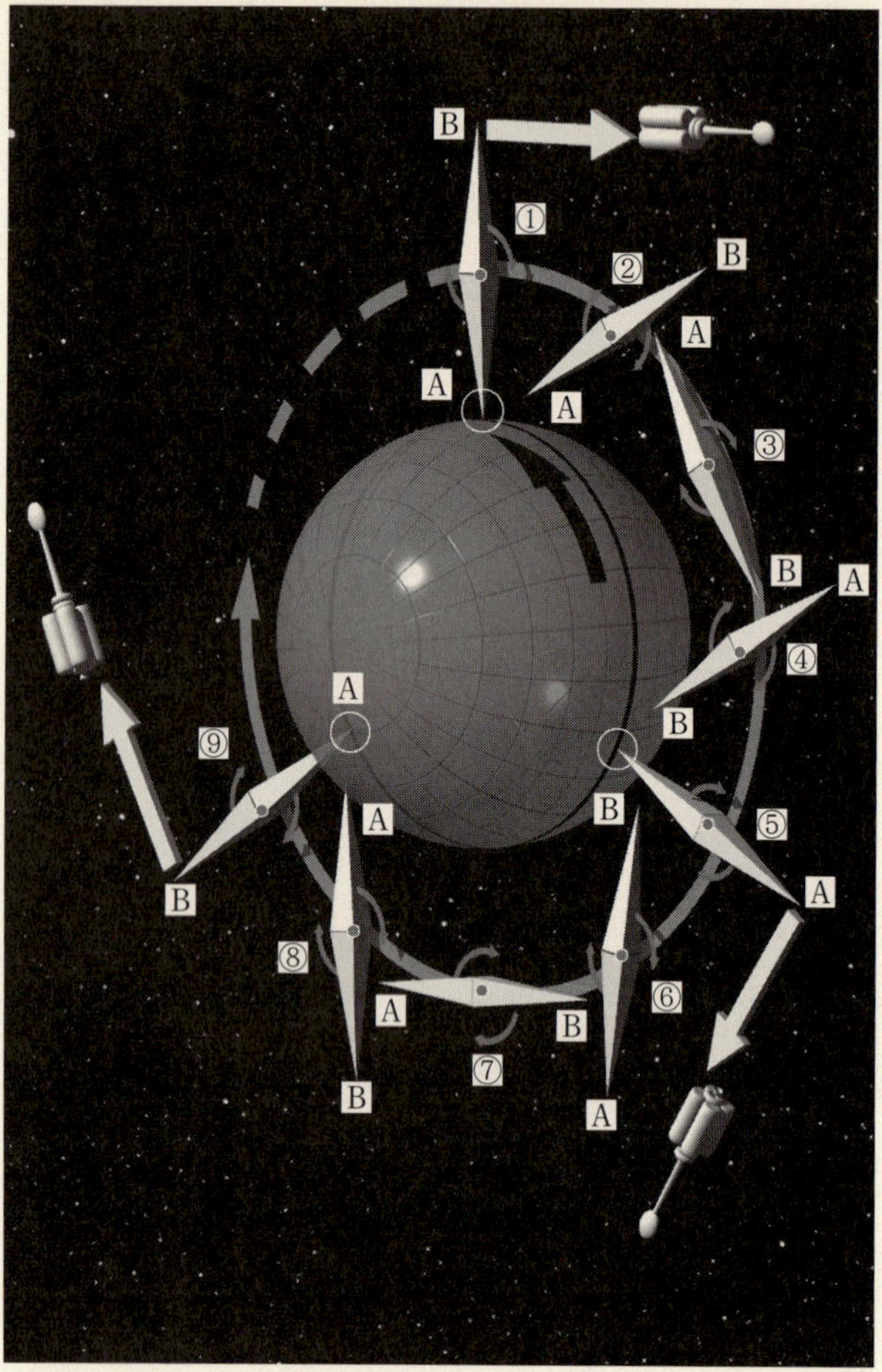

図3・5　非同期軌道エレベーター。詳細は本文参照。

りと地表から宇宙への発進が可能となることが理解していただけるだろう。
たとえば①の時点で地表に近接したA点に、地表に置いた宇宙船を搭載すると、その
A点は⑤では地表から最遠部に達するので、そこで宇宙空間に放出してやれば、噴射な
しで宇宙船を高速で発進させることができるのである。B点でも同じことである。
このアイディアを最初に提唱したのは、やはり一九六九年のユーリー・アルツターノ
フであった。
もっとも、アルツターノフはこのときもまた、アイディアの提示はしたものの、定量
的な解析はしなかった。そして、この件でもまた、アルツターノフのこの提案を知らな
いままに、西側の研究者が何年かのちに独自にまったく同じアイディアに到達し、これ
をはるかに詳細に検討していたのである。

a. モラヴェックの「非同期軌道スカイフック」

一九七七年、スタンフォード大学人工知能研究センター（当時）のコンピュータ学者
ハンス・モラヴェックは、アメリカ宇宙飛行協会の年次総会の席上で、「非同期軌道ス
カイフック」と称する、アルツターノフの非同期軌道型エレベーターと同じ概念を発表

した。

モラヴェックの本来の専門は知能ロボットの研究だが、モラヴェックはきわめてSF的な指向性の強い人で、それまでにも、光帆推進型宇宙船による太陽系内輸送システムなどのアイディアを宇宙飛行関連の学会で発表していた。また、自然生命から情報生命へと進化する知性種族の未来について考察したSF的著作『電脳生物たち』も邦訳（岩波書店）されている。

モラヴェックがこのアイディアに到達したのは、静止軌道エレベーターがあまりにも巨大で技術的・経済的な困難が大きいため、もっとずっと小型で似た機能をもつものがないかと、追究した結果であり、基本的に図3・5のタイプである。

静止軌道エレベーターが地球の直径よりずっと長いのに対し、モラヴェックの考える地球用の非同期軌道スカイフックは、地球の直径の三分の一、あるいは三分の二の長さしかない。

もし、地球の直径の三分の一、およそ四二五〇キロメートルの全長をもつエレベーターを、破断長二一四七キロメートルの石墨（炭素）の結晶でつくったとすると、必要なテーパ比は一〇・五、そして地上からひっかけて持ち上げることのできるペイロードの質量は、エレベーター本体の質量のおよそ五〇分の一となるという。

この非同期軌道型エレベーターの重心は、ほぼ二時間で地球を一周する軌道に乗っており、二〇分ごとにエレベーターのどちらかの末端が赤道上の特定の点に到達する。つまりほぼ四〇分で一回転する。地上側のステーションでひっかけられたペイロード（宇宙船や荷物など）は、秒速一三・二四キロメートルの速度で、任意の接線方向に投げ飛ばされる。この速度なら、火星軌道まで七二日、金星軌道までなら四一日で到達することができる。

もうひとつのサンプルは、地球の直径の三分の二、長さ八五〇〇キロメートルのエレベーターで、高度四二五〇キロメートル、周期一八三分の軌道をめぐりながら、一二二分ごとに一回転する。つまり、一公転ごとに一回半回転し、三か所で地面と接触することになる。テーパ比は一一・九、ペイロードの質量比は七五対一と計算されている。

さらに、エレベーターの長さが地球の直径と等しくなれば、エレベーターは二か所で地球と接触することになり、テーパ比は一五・四、ペイロードの質量比は一二〇対一となる。

いずれにせよ、長大きわまりない静止軌道エレベーターにくらべて、はるかに小型のエレベーターであることがわかる。これはエレベーターというよりは一種の宇宙への回転型カタパルトのようなもので、「非同期軌道スカイフック」というモラヴェックの命名はもっともである。

さて、実際に地上側からみたばあい、この「非同期軌道スカイフック」の動きはどのようなものとして見えるのだろうか？

単純に考えると、空を横切って、猛烈な衝撃波をともないながら、巨大な棒状の構造体が、大気を切り裂いて水平に走ってくるように見えるだろう——と思いがちだが、モラヴェックの設計では、軌道エレベーターの先端の速度が地表の速度と一致するように決められているので、地表から見ると、空から垂直に巨大な塔が降りてきて、荷物を積んでまた天空へ昇っていくように見えるだろう。

天空から上下する先端部のスピードは、地表に近づくほど遅くなるので、荷物の受け渡しにも好都合である。

前記の、長さが地球直径の三分の二の場合について先端部のスピードを計算すると、エベレスト山相当の標高五〇〇〇メートルで時速五〇〇キロメートルほどである。地表に近づき、高度一〇〇メートルになると時速一〇キロメートル以下になり、人間が歩くスピード程度になる。

したがって、単純に想像するよりは受け渡しは楽だろうが、しかし完全に静止する時間はほとんどないので、おそらく、実際のシステムでは、地表側がただじっとエレベーターのやってくるのを待つのではなく、エレベーター末端の速度や高度にあわせて、垂直昇降可能な専用の輸送機を飛ばすことになるかも知れない。

これならば、微妙にエレベーターの回転周期が変わってきても、それに対応して受け渡しの場所とタイミングを変えればいいため、エレベーターの回転を厳密に一定の周期に維持する必要もなくなるだろう。

また、エレベーターの末端が濃密な大気の抵抗を受けることによる回転エネルギーの減衰も、エレベーターの進入高度を高く保っておくことにより、最小限におさえることができるだろう。

このシステムにおいて、やはりわれわれが一番気になるのは、エレベーターの位置や回転の安定性である。もし、何らかの原因で重心位置が低くなると、先端部が地表に激突することになり、大きな被害を地表や地表の施設に与えてしまう。

したがって、この巧妙で大胆な方式は、地球よりもむしろ、大気のない惑星や衛星に向いているという人もいる。

モラヴェックは、一九七七年の論文のなかですでに、太陽系の主要な惑星および衛星のすべてに対して、その直径の三分の一のエレベーターをつくったばあいのテーパ比や搭載質量比を求めている。

たとえば、地球の月に対してならば、破断長二一四七キロメートルの素材を用いてテーパ比一・一二四のシステムが建造可能だし、木星最大の衛星ガニメデならばテーパ比一・一七七、海王星のトリトンならばテーパ比一・二〇九で可能となるという。

これら、大気のない衛星群の上では、費用対効果比の点から見て、「非同期軌道スカイフック」はきわめて有力な物資の打ち上げ手段になるであろう。

モラヴェックの提案以来、多くの研究者たちがこのアイディアにとびつき、さまざまな改良案や応用パターンが提唱されてきた。また、このシステムそのものに対しても、「ロータベータ」「ボロ」などの新たな名前が次々に考案され、軌道エレベーターという広範な概念を含むジャンルのなかで大きな位置を占めるにいたっている。

b. ズブリンの「極超音速スカイフック」

そのようないくつかの改良案のなかで、もっとも実現性が高いと思われるのが、ロバート・M・ズブリンによる「極超音速スカイフック」である。ズブリンはプラズマ物理学の専門家で、アメリカの伝統あるSF雑誌『アナログ』のサイエンスコラムの常連執筆者として知られている。とくに、空想的と思われがちなSF的問題に対して、現在の技術でも実現可能な解答を見いだすことでよく知られている。

ズブリンが一九九三年の『アナログ』に発表した「極超音速スカイフック」は、軌道エレベーターの重心が低高度にあることはモラヴェックと同じであるが、先端部の位置を大気の存在しない高度におき、かつエレベーターを回転させていない点が、違っている（当然、先端部は地表に対して高速で移動するが、その点を除けば、ある意味では、静止軌道エレベーターを小型にしたようなものである）。

ズブリンに言わせると、「非同期軌道スカイフック」は、回転による遠心力が災いしてよけいな強度が必要であり、どうしても未来的な材料が必要となる。また荷物の受け渡しの時間にゆとりがなく、荷物を運ぶことによる回転の不安定も問題である。

これを解決すべく提案された「極超音速スカイフック」は図3・6のような単純な構造をしており、一例では、エレベーターの端末は地表一〇〇キロメートルで毎秒五キロメートル程度の速度で移動する。

毎秒五キロメートルというのは大気中の音速の一五倍であり、とても静止とは言えないが、大気がほとんどない高度なので摩擦熱の心配はないし、また荷物受け渡しのために地表からそこまで飛翔し、マッハ一五で飛ぶロケットをつくることは、現在の技術でも比較的容易である。たとえば、TVなどでも試験飛行が報道されている（冒頭に記し

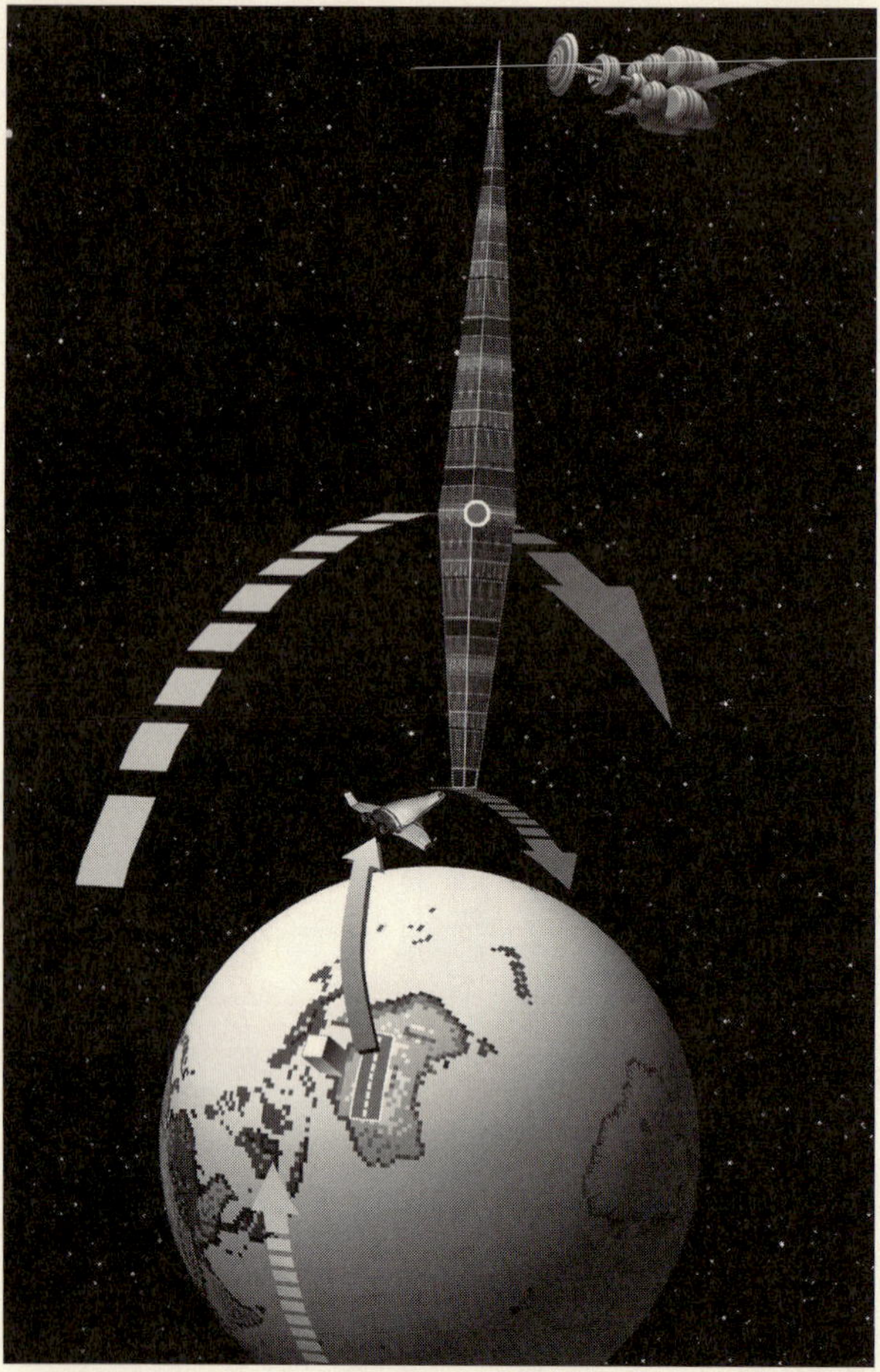

図3・6　極超音速式軌道エレベーター

た）デルタ・クリッパーなど安価な一段式ロケットを、この目的に使用することができる（あるいはまた、地上に超々高層ビルを建てて荷物を受け渡すという方法も考えられるかもしれない）。

さらに画期的なのは、エレベーターの質量や強度への要求が、静止軌道エレベーターに比べてはもちろん、モラヴェック方式にくらべても圧倒的に低減され、実際的だ——ということである。

ズブリンの計算では、荷重一・五トンを宇宙に運ぶのに必要なエレベーターの質量はわずか一六・五トンでよく、また引張り強度への要求値がひじょうに小さいので、材料も、現在一般に市販されているケブラー繊維で十分なのである。

また、姿勢制御や高度の変更なども、地球の磁場を利用した微動推進システムで可能となる。

ひょっとすると、初心に戻ったとも言えるこのズブリンの「極超音速スカイフック」が、真っ先に実用化されるのかもしれない。

(2) 奇想天外なORS（軌道《オービタル》リングシステム）

さて、これらスカイフックの構想はじつに見事なものであるが、もうひとつ、一見原始的なようにみえて意外に有望かもしれない新システムを一九八二年にひねり出し、論文として発表した人物がいる。

その人物は、イギリスの天文台職員でアマチュア宇宙開発研究家のポール・バーチで、彼はそのシステムを「ORS」と呼んだ。

ORSとは"Orbital Ring Systems"の略で、日本語で記せば軌道リングシステムということになる。

このORSを説明するのは、図によるのがいちばんよい。そこで、図3・7に、おおまかな概念図を示してみた。

まず図(a)のように、赤道上空に、たかだか数百キロメートル程度の低高度の人工衛星軌道を設定する。この程度の低軌道ならば現在でも打ち上げは比較的簡単である。

つぎに、一種の思考実験として、この軌道を周回する人工衛星をひじょうに小さなものとし、そのかわりその数を極端に増やしてみる。軌道のどの位置にも、だいたい平均

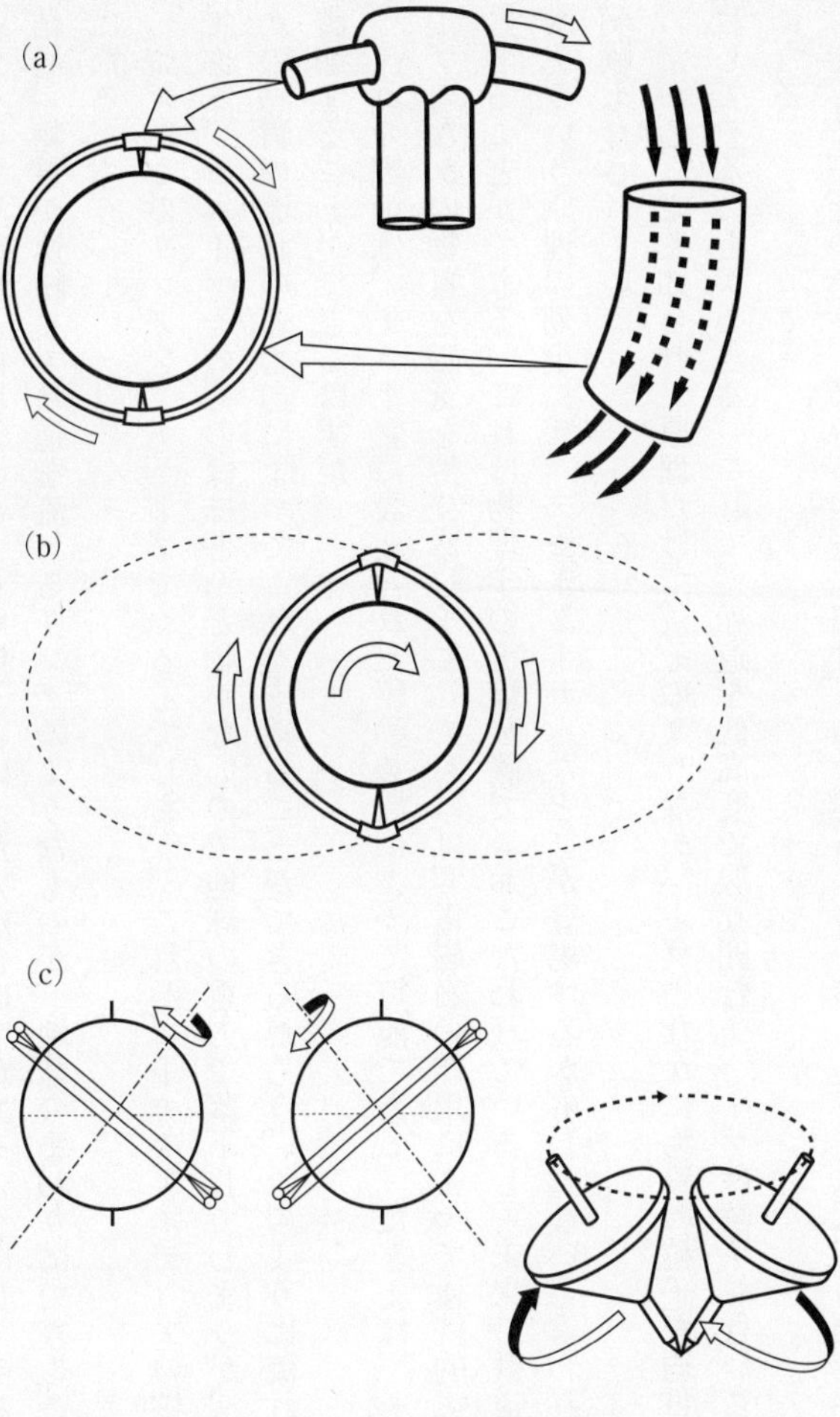

図３・７　軌道リングシステム（ORS）。詳細は本文参照。

してこの小型衛星（衛星というよりも粒子といった方がよい）があるようにしてやると、結局、物質が連続して軌道を流れるリングのようなものが、地球のまわりにできることになるだろう。

つぎにこのリングを、チューブでくるんでしまう。これがバーチのアイディアの核心である。チューブそのものはほとんど動かないので地球の重力で落下してしまうが、なかの物質の流れの遠心力によってこれを支えることができるだろう。そのように流れを調節することができるはずだ。

流れの調節は、チューブに設えられた駆動装置によって可能である。たとえば、チューブのなかの物質を磁気を帯びる粒子にしておけば、電磁石の作用によって連続的に駆動することができる。これは物理学の実験装置でもおこなわれているし、未来の鉄道にもそういう原理の列車（リニアモーターカーなど）が登場するかもしれないと言われて、実験もなされている。

だから、よく知られた原理だけで、そのようなチューブのなかに物質の粒子を均質に流してやることができる。これで、赤道を低高度で取り囲むチューブは落下しないことになる。

そして、そのチューブから地表に向けてエレベーターをおろしてやれば、荷物を宇宙空間まで引き上げることができる——というわけである。

なお、物質流がチューブに与える反作用をキャンセルするには、チューブを二本束ねてそれぞれの流れを逆向きにしてやればよい。

もちろん地球はほぼ二四時間で一周するので、エレベーターの先端を地表の一点に固定するためには、エレベーターとチューブの接続点を地表の動きと連動して移動させてやる必要がある。それはもちろん、接続点の工夫によって可能である。

図3・7(a)ではあたかも車輪があるように描いているが、もちろん実際にはこの移動は電磁的な力でなされるだろう。

これがバーチの「ORS」の基本的な考え方である。

このアイディアを実現させるためには、長大なチューブをつくって宙に浮かし、そのなかに膨大な量の磁性体を流さなければならないので、とても大変なことのように思える。しかし、考えてみると、静止軌道の軌道エレベーターは、三万五八〇〇キロメートルを基準として両側にのばさなければならないため、どうしても一〇万キロメートルくらい長さは必要である。それに対してこのORSは、チューブとエレベーターを全部合わせても四万キロメートルていどですんでしまう。またさらに、静止軌道エレベーターでは、いまだ世の中に存在していないような超強力な材料が必要であるが、このORS

ではない。チューブの部分にかかる力は弱いものだし、エレベーターの部分にも、そんな極端な材料は必要としていない。チューブの部分にかかる力は弱いものだし、エレベーターも高度が低いために建造はずっと楽である。

もちろん静止軌道よりもずっと高い場所まで一気に登ってゆき、地球重力圏を脱出するスピードをかせぐことのできる軌道エレベーターとは違って、数百キロメートルていどでは、そういう速度は得られない。しかし、ORSをカタパルトとして加速することもできるし、それに地表からロケットで宇宙に飛び出す従来技術と比較して考えると、噴射なしでそこまで上昇できるということ自体打ち上げ技術の大革命であり、人類の宇宙進出に大きな助けとなること間違いないであろう。

図3・7(b)は、ORSの軌道形状の実際を描いたもので、エレベーターが接続される部分は地表に向けての力がかかるため、それに抗するように軌道が変形される様子をしめしている。二つの楕円軌道の一部を合わせたような形にすると、うまく力を相殺してリングが崩れることはなくなるのである。

以上のメリットに加えて、ORSにはさらに、赤道以外の地点にもエレベーターを静止しうる――という画期的な利点がある。

(3) ORSの発展形

これまでに述べてきた各種の軌道エレベーターは、非同期型であっても、基本的にはすべて、赤道からでなければ利用できないものだった。

しかし、宇宙への出発点が赤道だけというのは、地球で考えてもなにかと不便だし、また惑星や衛星によっては、赤道の地殻が使用に耐えない可能性もあるだろう。さらに、気温の点でも、赤道は人間の生存に向いていない惑星もあるかもしれない。

そこで、赤道以外から出発できるようなシステムがないか、というテーマに人々がとりくむようになった。

モラヴェックの非同期軌道型エレベーターでも、軌道を赤道から傾斜させてやって、周期を工夫することにより、理屈からは赤道以外の地表の一点（たとえば東京）にエレベーターをもってくることは不可能ではない。だが、重力の不均等の関係などで、それはなかなか難しい。

その点、このバーチのORSは、リングのなかの物質の流れを人工的にコントロールすることが容易であるため、赤道以外へのエレベーター固定が、かなりの実現性をもっているのだ。

方法は図3・7(c)に示されている。

まず、リングの赤道との角度を大きくして、たとえば東京の上空にも来るようにする。しかしこのままでは、地球の自転によって東京はすぐに別の場所に移ってしまう。

そこでバーチのアイディアでは、チューブを二本束ねて逆向きの物質流を流す前述のタイプのリングを用い、その流れを電磁力によってコントロールするのである。

すると、リングは力学的な原理によって歳差運動をはじめる。この歳差運動の周期を、地球の自転とうまく同期してやると、東京の上空につねにリングの一部が来るようにできるのだ。

この歳差運動は、コマの軸が大きく周回する現象と同じことである。

この巧妙な方法によって、赤道以外の地点からロケットなしで宇宙に出る方法が拓けたことになる。まさにアイディアの勝利である……!

バーチはさらに、この変形をいくつも提案している。

その一例が図3・8の部分軌道型リングシステム(PORS)で、これは地表の一部に前述と同じ構造のチューブを形成する小規模なORSである。

図3・8　部分軌道型リングシステム（PORS）の想像図

チューブの形状は、地表で（真空として）物を投げたときの曲線とほとんど同じになっている。つまり、放り投げられた無数の物体のままにチューブが宙に浮くわけである。なんの支えもなしに……！

物質の動きをコントロールするために、もちろんチューブは電磁力の装置をもっており、さらにその地表端は、折り返されて、物質流は循環するしくみである。たったこれだけの構造で、荷物を大気圏よりずっと上まで送り出すことができ、さらにそこで加速してやれば、衛星軌道にのせることも容易であろうし、脱出速度を出すことも可能になるだろう。

これなら、いまでもその気になれば実現性があるかもしれない。一方、ＯＲＳを極限にまで拡大すると、図3・9のように、地球から他の天体にまで、チューブを伸ばし、接続することが可能になる。気の遠くなるような話ではあるが、原理的にはとにかく可能なのだ。静止軌道エレベーターとL1エレベーターを用いた地球〜月連絡路とどちらが可能性が高いか、検討する価値があるかもしれない。

軌道エレベーターの変形や発展形は、まだまだたくさん提案されているし、詳細な計算も発表されている。

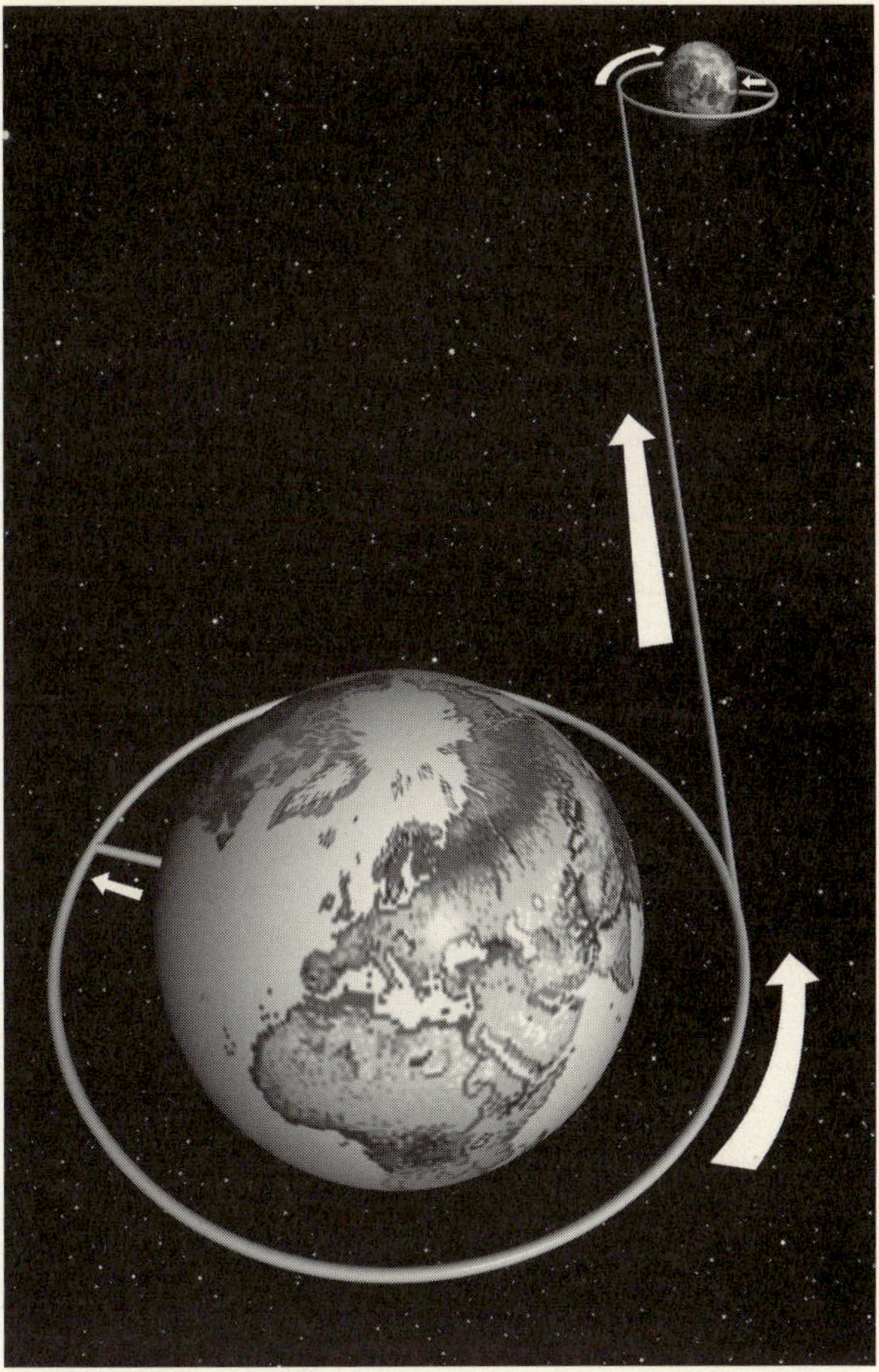

図3・9　発展型の軌道リングシステムによって他の天体まで行けるかもしれない

しかしとにかく遠未来の超技術である。まだ誰も気づいていない新しい方法があるかもしれない。

読者の挑戦に期待している。

なお、軌道エレベーターやその発展形への日本人の貢献は——欧米より早くアルツターノフの提案が翻訳紹介された国なのに残念なことだが——ほとんど見られない。例外的に、ハードSF研究所の八巻治氏の静止軌道型についての詳細な理論計算と数値計算（巻末の参考文献参照）がある程度だ（二〇〇九年の時点では、インターネット上で独自の分析を発表するホームページがいくつかある）。

対談――軌道エレベーターが実現する世界へ

金子隆一
×
大野修一（宇宙エレベーター協会会長）

宇宙エレベーターか軌道エレベーターか

大野　宇宙エレベーター協会では国際標準に合わせて、「宇宙エレベーター」にしています。英語で「オービタル・エレベーター」では通じないので。ですが、協会内にも「軌道エレベーター」のほうがかっこいいという人たちがいましてね。「軌道エレベーター派」として「宇宙エレベーター」派とは一線を画す、「軌道エレベーター」のホームページを作ろうなんて言っているんですよ。ネーミングについてどう思われます？「軌道エレベーター」と「宇宙エレベーター」とでは。

金子　一般にわかりやすいのは、「宇宙エレベーター」かとも思います。ですが、「軌道エレベーター」のほうがプロっぽい感じもしますね。

大野　たしかに、「軌道」のほうが、専門用語のように感じますね。

金子　ですが、どちらがいいとは簡単には言えないですね。最初に『軌道エレベータ』という本を出した責任上、わたしは「軌道」に与《くみ》せざるをえないでしょうか。

大野　宇宙エレベーター協会の「軌道エレベーター」派は、根拠をこの本の名前にしていますよ。

金子　うーん、あのころ、SF関係者はみんな「軌道エレベーター」と呼んでいましたからね。「宇宙エレベーター」はもう少しあと、もう少しポピュラリティーができてから使われたと思います。

大野　欧米へ、あえて日本から「KIDOUエレベーター」を輸出するのはどうでしょう。「カイゼン」みたいに［編集部注・以降は「軌道エレベーター」で統一します］。

軌道エレベーターとの出会い

金子　このあいだから軌道エレベーターとの出会いについて考えていたんですが、よくわからない。SFを読みはじめて、何年かたった頃には、もう軌道エレベーターのことをどこかで誰かに吹き込まれていたんです。

大野　宇宙作家クラブ〔宇宙開発に関心を持つ作家やライターなどのクリエイター集団〕の集まりで話をさせていただいた時も、だれが軌道エレベーターと言い出したのかということが話題になりましたよ。

金子　初期のころの文献を読むと、名前はすごくまちまちですからね。アルツターノフはケーブルカーと言っていたし、コラーやフラワーたちはスカイフック、ジェローム・ピアソンなどは七五年の時点で、オービタルタワーとも言っていましたね。知っているかぎりでは、最初に「エレベーター」という言葉を使ったのは、アーサー・C・クラークじゃないかと思います。

じつは、そういうことがよくわかっていないんですよ。軌道エレベーターの概念の起源も、アルツターノフの記事にあることはまずまちがいないんですけれども、それだって、ツィオルコフスキーがたどりついていなかったかどうかわからない。ほんとうにそれ以前になかったかどうか、なんとも言えないですしね。たとえば、恒星間ラムジェットも、ロバート・バサードより前にジョン・ピアースが言っていたというのを、石原さんが発見しています。

大野　あれもバサード・ラムという名前になってしまっていますね。

金子　ただ、発想は同じだったんですが、ピアースは同じことを考えて、これでは無理だという結論に達したんですよ。バサードは、もっと巨大な物を考えて、これならいけると思った。だから、そういう意味では、最初の人なんですけれどね。

日本ではじめて軌道エレベーターをつかったのは、小松左京の『果しなき流れの果に』だと思われますね。初期加速にロケットを使ったり、赤道ではなく高緯度から登って途中でだいぶんカーブしていく方式だったりしますけれどね。すでにバリエーションが考えられていたってことなんでしょう。アイデアのオリジナルを探すということからやっていくと、おもしろいかもしれませんね。初期の歴史を記録していくことも、宇宙エレベーター協会でやっていただきたいですね。

大野　そうですね、協会の使命は、情報を集積するということにもあるわけですから。

金子　日本のテレビではじめて軌道エレベーターを登場させたのは、わたしだったかもしれません。あるアニメ番組だったんですけれど〔『宇宙空母ブルーノア』（一九七九－一九八〇）、金子氏がSF考証を行なった〕。

大野　それは、空母とか、潜水艦が空飛んじゃったりする、あのアニメですか？　大好きだったですよ。

金子　ときどきそう言ってくださる人いますね。

大野 ですが、どうして、金子さんは、軌道エレベーターが面白い、いけるんじゃないかって思ったんですか？ ＳＦマガジンの記事が出て、いろいろな人が軌道エレベーターを知ったと思うのですが。

金子 いつの間にかとしか……環境としてそこにあったとしかね。ＳＦを読んでいると、そうなってしまった。逆に、なぜほかの人は軌道エレベーターを面白いと思わないんだろうかと。

大野 必然ですか？

金子 必然ですね。

宇宙エレベーター協会の発足のいきさつ

大野 わたしのほうは、軌道エレベーターにかかわりだしたのは、二〇〇五年の秋。意外に最近ですね。それまで大学の仕事をしていたのですが、転職を考えていて、少し離れたことをしたくて。そのとき軌道エレベーターの話を知りました。そこで、軌道エレベーターをやっているアメリカのリフトポート社［二〇〇三年設立］に行って、「どんなことをやっているんだ、日本でもやりたいんだけれど」と聞いたわけです。ところが、リフトポート社の社長のマイケル・J・レインに「絶対やめておけ」と言われてしまった。「有名になるかもしれないし、話題は集まるかもしれない。けれどもお金はいっさい入らない」と。それで、がっくりして帰ってきた。でも、それから一〇か月くらいして、そこのエンジニアのトーマス・ヌージェントが、「NASAが主催する軌道エレベーターの技術競技会に出ようとしている日本人が他にいるぞ」と教えてくれたんです。そうして紹介してもらったのが、E-T-Cというチームの土田さん。国際宇宙ステーションやスペースシャトルの運用にかかわっている人です。そういう人たちの中の何人かが、これからは軌道エレベーターではないかと考えている。それで、彼に会った時に、もうこれからは軌道エレベーターだと思い込みましてね。ぜひその技術競技会に出ましょう、競技会に出るほうは土田さんにリーダーをやってもらって、ぼくは宇宙エレベーター協会を作ってもう少し仲間を集めますから……と。そう言ったのが、二〇〇七年七月です。

金子　そして、その一年後には、もう軌道エレベーターの国際会議が行なわれていた、と。すごいですね。

大野　ただ、技術競技会に出ることになって、メカニカルな部分を担当する人間がいなかったので、わたしが兼任することになったんですけれどね。これがなかなかうまくいかなかった。まあ、軌道エレベーターは飲み屋の話題にはよかったですけれどね。非常に受けがいい。

金子　ああ、たしかにそうですね。

大野　ともかく、そういう話をしても白い目で見ない人たちを集めました。最初は、一〇人くらい集まって、同好会みたいに始めたわけです。そのなかで、シンポジウムを計画しました。日本は下火だけれど、アメリカやヨーロッパでは流行っていましたから、このあと日本でも流行る、とね。そこに、新聞社の記者のかたがワークショップをのぞきに来てくれたんですよ。別の取材のついでで、冗談かと思われていたのだけれど、そのころには、日本大学の青木義男先生がいてくださって、まじめな話をやっていた。面白そうだから、ちゃんとした記事にしてあげるよって。

金子　軌道エレベーターが冗談かと思われていたんですか？　……ああ、そうか、わたしの基準が変なんですね。どうしても、まじめな話以外になりうるはずがないって思ってしまう。

大野　それが、ふまじめというのとはまた違うのですが、あやしげなものに軌道エレベーターを使うような人たちが最近いるんですよ。わたしたちのところにも、M資金［GHQが占領下の日本で接収した資産が現在も極秘に運用されているとされる秘密資金のこと。詐欺の手口に使われたことで有名」を活用して軌道エレベーターをって話がきたことがあるんですよ。

金子　M資金が、こんなところにも。

大野　ええ、だから、そんな話かと思われたのかなって。それで、新聞に記事が載ったのが九月末でした。そこからワッと話が盛り上がって。

一年後に国際会議を

大野　宇宙エレベーター協会で国際会議［第一回宇宙エレベーター会議ＪｐＳＥＣ二〇〇八］を開いたのは、いま軌道エレベーターがどういう位置にいるのかを確認したかったからです。二〇〇八年一一月のことで、これが大きなイベントとしては初めてでした。どちらかというと、一般向けにやろうとしたのですが、実際には専門的な話も多くなって、二つに分かれましたね。一方では、完全に機械学会や情報学会、航空宇宙学会の発表になっている。

金子　正規の学会と同じことをやっていると、プログラムを見て思いました。

大野　ええ、仕事で来ているので、領収書をほしいという人がすごく多かったですよ。でも、ここで明確になったのは、アメリカやヨーロッパの人とちがって、日本人は軌

第一回宇宙エレベーター国際会議 JpSEC2008（2008 年 11 月）の模様　[写真提供：一般社団法人　宇宙エレベーター協会]

道エレベーターを技術だけの話としてはとらえていない、思想的な話としてとらえている部分があるということです。軌道エレベーターができるとどうなるとか、宇宙開発や人類全体に対してどういう位置づけになるのかとか。

金子　それは、日本で軌道エレベーターの概念が広がったのは、技術屋さんではなく、まずSFなどのサブカルチャーで広がったということがあるかもしれませんね。

大野　じっさい、宇宙エレベーター協会は、金子さんたちが蒔いてきた種が芽を吹いたって思いますよ。

金子　いやあ、種を蒔いたのは、わたしたちだけじゃないですよ。たとえば『メカニックマガジン』という雑誌があって、そこの連載で軌道エレベーターの特集を組んでいました。この単行本が出る前、あれが軌道エレベーターの入門編としては一番すぐれていましたね。

それに、柴野拓美さん［矢野徹や星新一らが創刊に参加した日本最初のSF同人誌『宇宙塵』の主宰者で、翻訳家・作家］が小隅黎の名前で書かれた『北極シティの反乱』という小説にも、軌道エレベーターのバリエーションの一つが出てきます。非常な超高張力素材でできて、小さな傷一つつくだけで崩壊してしまう。それをマイクロブラックホールで崩壊させるという話でした。じつは例のアニメで、軌道エレベーターが粉砕され、軌道上に飛び散ったそれを掃除する話のイメージは、そこから来たものなんです。そういうふうに、初期の軌道エレベーターのイメージがあちこちにあったわけですから、この本だけではないですよ。

大野　いやあ、この本のイメージが一番強かったですよ。宇宙エレベーター協会に、ロケットをやっている大学生の会員がいるのですが、中学生のころ、お小遣いをためてこの単行本版を買ったと言ってましたよ。

これまでの宇宙エレベーター協会の会員は、みんなそういうふうに軌道エレベーターの話が頭に引っかかっていた人たちが多いですね。だから、軌道エレベーターの細かいことはほとんど説明する必要がない。具体的な素材の話、デブリ対策の話、法律の話など、はじめて軌道エレベーターのことを聞いた人からすると、ずいぶんマニアックな話をしていますね。

デブリ対策に使う

金子 いまデブリ対策が出てきましたが、問題になっていますね。これをまじめにやろうとすると、解決策は軌道エレベーターを作ることが一番簡単ではないかと思います。

大野 そうですね。九州大学の八坂哲雄先生がデブリの研究をされていますが、一〇年前はあまり相手にされなかったそうです。デブリがデブリとぶつかるっていうケスラーシンドローム［デブリ同士がぶつかることで加速度的にデブリが増えていく現象］など、SFのなかではよく出てきましたが。

金子 そのころハードSF研究所［石原藤夫が主宰し、多数のプロ作家が参加したハードSFファンクラブ］の例会で八坂先生の話を聞いていましたから、先生経由で広まったものだと思いますよ。

デブリと軌道エレベーターといえば、『まっすぐ天《そら》へ』というコミック［的場健著、講談社刊］に協力させていただいたときに、軌道エレベーターを扱いました。この漫画は近未来版のプロジェクトXをしたいということだったんですが。軌道エレベーターをこれから作るということから始まったので、政治の壁にぶつかってとん挫させないようにと、デブリを取り上げたんですよ。ですが、そこまでいったところで、終わってしまった。

女気がなさすぎたのも、敗因の一つかなと思いましたね。それで、第二部ができるなら、最初のほうの主人公は隠れ宇宙オタクの京都西陣の織り屋の娘だと、漠然と構想していました。

大野　織物の技術を生かすんですね。日大の青木先生がおっしゃっているんですが、テザーを織ることで振動を抑制できるのではないでしょうか。それに、破れても全部ほどけない編み方にするとか。

金子　そうですね。デブリ対策では、ナノチューブで容積はでかいけれど、すかすかのものを編んで、軌道エレベーターのまわり数百キロメートルにわたって広げます。デブリを絡めたり引っかけたりする必要はないんです。通過するときに、糸の二、三本でも切ってくれて、少しでも運動量が変わってくれればいい。あとは自動的に落ちてくれるわけだから。だから、その時に、切れても破れがひろがらないものがあればいいんです。それを考えた女の子が、売り込んで、建設して……という話を考えていたんですよ。

大野　お蔵入りさせてしまうのはもったいないですね。

次の世代に期待

大野　そういえば、九大の八坂先生に、なぜ軌道エレベーターなんですかって聞いたら、学生時代から興味を持っていて、いろいろ計算したりしていたって……。八坂先生が学生時代って、四〇年くらい前のことですからね。

金子　SFマガジンでアルツターノフが紹介されたのが、一九六〇年ですからね。すごい浸透力と言えるでしょう。その時点で、嗅覚の鋭敏な人はみんな反応していたんですね。

大野　ですから、最近軌道エレベーターを知ったわけでも、興味を持ったわけでもないっていう先輩がたくさんいて、みなさんとても詳しい。タイムマシンのように、確立したジャンルなんですね。

リフトポート社にもこの単行本を持っていったんです。一九九七年に日本ではこんな本が出ていると。そうしたら、誰も知らなかった、びっくりだって。ちなみに、こんな昔に本が出ているくらいなのに、日本の政府はなぜ開発をしていないんだ、二度びっくりだって言われましたね。

金子　それはねえ（溜息）。いちど某所に、テラフォーミングの研究会をやるから、話をしに来てくれと、呼ばれたことがあるんです。そうしたら、そこにいたおえら方に「地球を捨てて出ていくというその発想がけしからん」と言われてしまって。じゃあなんで自分を呼んだんだって思いましたね。

日本では巨大プロジェクトを立ち上げて、モノまでつくったのに、報告書を出してそれで終わりということが多いですからね。あとはほったらかしにされる。いまのお役所に任せれば、軌道エレベーターもぜったいそうなってしまう。こればっかりは、オタクあがりの役人がいてくれないことには、どうにもならないと思いますよ。子供の時からガンダムを見ていたような連中がね、キャリアになって……。

大野　ガンダムは今年が三〇周年らしいですから、そろそろ……。

金子　そうですね。まあ、だから、こういう研究をやっても何も言われない時代になってきましたね。一昔前は、そんなことをやっているというだけで、新聞ネタになりそうだったでしょう。これから、一気にくるかもしれませんね。

軌道エレベーターのこれから

大野　日本の国益を守ることも考えないではないですが、軌道エレベーターについていえば、そういったタガをはめるべきではないと考えています。インターナショナルなアクティビティを上げていかなければならないだろうと。宇宙エレベーター協会のホームページへのアクセスは、半分は海外からなんですよ。グーグル・トランスレーターなどを介して、翻訳して読んでいるんでしょうね。週に一回くらいは、海外から連絡をもらうんですよ。

協会としては、この流れをものを作る方にもシフトしていこうと思っています。日大の青木先生をはじめとした、航空宇宙に興味がある工学部の機械関係の先生方に、いろいろやっていただけそうになってきまして。このあいだ、日本機械学会でも軌道エレベーターの発表があったんですよ。そこでエレベーターの専門家に、こういうのがあります、あなたたちも頑張ると宇宙産業になっちゃうんですよという話をしていたんです。

技術競技会はアメリカでは三回行なわれています。ビジネスになるんじゃないかと、お金を出す人がいて始められました。たとえばトーマス・ヌージェントのチームでは、

2007年10月にNASA後援で米国で行われた宇宙エレベーター競技会　[写真提供：一般社団法人宇宙エレベーター協会/E-T-C]

ボーイング社がスポンサーについて、本物のスペースクラフトの設計者二人が専属でクライマーをデザインしていたんですよ。

日本は、逆にビジネスになるとは思われていなかったから、いかに趣味の世界から脱出するかという前提でされていますね。この夏に日本で初めて行なう競技会では、クライマーの技術開発に焦点を置いています。時速二五〇キロメートルで走る鉄道をつくりますと言って、新幹線ができたじゃないですか。

金子　それを垂直に走らせようと。

大野　そう、垂直に走る新幹線をつくる方向へ進む、その第一歩としての競技会ですね。大学のチームがいくつか、それから、たぶん、企業からも参加してもらえそうです。クライマーの技術はそれだけで面白いですから、それに興味を示すエンジニアの人がたくさんいてくれて。そのうち業界向けにインターナショナルな『宇宙エレベーターマガジン』が出るくらいになるんじゃないかって。いろいろな分野の人の話を聞いて、これをくり回して意外なものができる。そういうところで、協会を生かしていきたいと思っています。

その先を考える

大野　ものをつくること、それから、軌道エレベーターができた将来の話をする。これがいまの協会の活動の二つの柱です。

軌道エレベーターができたときの経済効果として、太陽に廃棄物を捨てられるとか、太陽光発電、月や火星の開発とかありますが、それだけではない。わたしは、ITの仕事をしているのですが、いまから二〇年前に、電子メールができるとすごく便利だ、アメリカへも二、三時間でメールが行って帰ってくる、毎日みんなメールで連絡しあうようになるからと言ったら、笑われたんですよ。それとおなじ状況じゃないかと感じます。でも、そこから先が難しいのですよ。五〇年とか一〇〇年とかの未来を話せる人が、ちゃんと話していかなければならない。そのさきにある世界をきちんと表現していかなければならないと思うのです。それが難しい。できる人がいるとすると、SF作家ではないかと。金子さんにもお願いしたいですね。たとえば、五〇年後に軌道エレベーターができたとしたら、一〇〇年後はどうなっていると思いますか？

金子　一〇〇年後ですか。政治情勢の話をいっさい考えないとすれば、軌道エレベーターの完成によって、いま存在する対立は、かなり崩壊していく部分があると思うんです。

資源もエネルギーがいくらでも手に入り、市場《しじょう》が宇宙まで拡大できるわけですから。南北問題はそうときれいに片付くでしょう。

大野　そのぶん、持つ者と持たざる者の新しい問題が出てくるでしょうか？　格差の問題自体が解消されるのか、ちがった格差が生まれるのか。

金子　原理的な格差はなくなっていく方向になると思います。システムを作る側と持っていない側にわかれるのかもしれないですが。

大野　有名ブロガーの小飼弾さんが、軌道エレベーターに興味をお持ちなんですが、彼の持論は、軌道エレベーターは一本ではダメ。五本単位で作るんだと。五本作って、それから第二段階だと。

金子　そうなると、ポール・バーチの提唱したオービタルリングにつながっていきますね。わたしは軌道エレベーターをやっていけば、自動的にオービタルリングの方向に進んでいくしかないと思います。軌道エレベーターがインド洋上空の一点にしか存在しえないものだったら、政治的な綱引きで運用が大変なことになると思います。どうしても、あちこちの政治勢力向けに、分散して建設しなくてはならない。すると、地球みたいに赤道の重力場がでこぼこになっている惑星では、リングを作って、リングから建設していくという発想しか残らない。

最初はインド洋、それからガラパゴス諸島のあたり。この二カ所に安定したものが立てられるとして、のこりはリングでつないで。陸上で立てられるなら、南米、アフリカ。……シンガポールのあたりもいけるかな。

大野 いま、高緯度での軌道エレベーターの力学モデルのシミュレーションも始められているらしいですよ。地球の重力、太陽、月、木星の引力、それから、ジオイドまで計算して、ブラッドリー・C・エドワーズ博士は、それなりの高緯度、北緯、南緯の三五度までいくんじゃないかと言っています。

金子 三五度までいけますか。それはすごい。

オービタルリングといえば、惑星の軌道を動かすにも、ロケット・エンジンを使わない方法をバーチは考えています。太陽のまわりにオービタルリングをつくって、地球の周りにもオービタルリングをつくる。太陽のまわりのリングを加速器に使って、断続的に質量を機関銃の弾のように地球に向けて送る。それを地球のリングの側で、どのように運動量を吸収するかによって、自転を加速することも、公転速度を増大させることもできる。

大野 いやあ、金子さんの話は、一〇〇〇年くらい先をいっていますね。

金子 でも、これは非常にエレガントなやり方でしょう。安上がりで確実でもありますし。

大野　軌道エレベーターができたら、なにが嬉しいのかってよく訊かれるんですね。SF読んでいる人たちにとっては、宇宙へ行く、それだけでじゅうぶん。そうでない人には、男ってのは、種バラまきたいものだから、宇宙へ行くんだ、人間の本能だろうって言うと、ある意味納得してもらえますね。経済効果の話より。

こういうエレベーターができた先の話が、もう、まじめに求められてきている状況になってきていると思います。

金子　しかし、こんなに早くそういう時代が来るなんて、思いもしなかったですね。

二〇〇九年五月、横浜にて

おわりに

本書執筆のご依頼を裳華房の國分利幸さんからいただいたのは、たしか一九九四年の秋のことだったから、すでにそれから足かけ四年が過ぎ去ったことになる。

この間、著者二人は公私ともにずいぶん多事多忙で、本来ならばとっくの昔にでき上がっていたはずの本も、読者諸兄姉のお手元に届くまでにこれほどの時間を要してしまった。さらに、もともと文科系出身で、厳密な数理解析を苦手とする金子が書いた原型を、石原博士はすべての原著論文と突き合わせてチェックし、軌道エレベーターに関する基本公式を多数導き出してがっちりした内容に改めたため、なおさら時間がかかることになってしまった。そのかわり、これ一冊読めば、軌道エレベーターに関する必要にして十分な情報はすべて得られるものになったと思う。怪我の功名ではあるが、その点は読者の方々にも評価していただけるかもしれない。

それにしても、一九九七年現在、この本がどうやら軌道エレベーターに関しては、世界で初めて一冊にまとめられた本であるらしい、ということには少々われながら驚きを禁じ得ない。いや、われわれの情報網が小さすぎ、すでに何冊も有名な本が出ていることを単にこちらが知らないだけ、ということももちろんあり得るのだが、少なくとも最近書かれた軌道エレベーター関連の論文のリファレンスなどを見るかぎりでは、どこにもそのような本は見当たらないのである。

本書の原型ができてから、現在の形にまとまるまでの間、軌道エレベーターの基本コンセプトについてまったく新しい進展がなく、書き足しの必要がなかった点から、軌道エレベーターそのものは、すでに力学的にはとっくの昔に完成していたことは確かだ。どこかで誰かが、軌道エレベーターについてのまとまった著作を発表していてもまったく不思議はなかったのだが、今回、たまたまめぐり合わせによって、われわれがこの本を書くことになった。——別に自慢にもならないことだが、巻末にハードSF研究所の河野准志氏がつけてくださった作品リスト〔裳華房刊のみ〕のうち、ノンフィクション部門と映画・TV部門に掲載された作品において、日本で最初に軌道エレベーターを取り上げたのはともに金子である（もちろん本文で紹介した「SFマガジン」の例を取り上げるまでもなく、雑誌記事やSF画のなかの一こまとしては、それ以前にも日本に軌道エレベーターが紹介されたことはある)。どうも筆者は軌道エレベーターには奇妙な因縁があるようだ。

本書では触れる余裕がなかったが、原理的には軌道エレベーターの先駆けに相当する「テザー衛星」、つまり長いケーブルを用いて高度差のある軌道間の衛星どうしをつなぐコンセプトに関しては、すでにいくつもの興味深い実験が行われている。また、静止軌道に重心を置かないさまざまな簡易エレベーター・システムに関しても、そのそれぞれにまつわる面白いエピソードや改善のアイディアなどが多数あるのだが、残念ながら紙面の都合上これらについては今回は割愛せざるを得なかった。いずれチャンスがあれば、これらについても、またその他のエキゾチックな天体重力圏脱出システムについてもまとめてみたいものである。

しかし、何はともあれ、このような突飛な概念についての本をまとめる機会をいただいた裳華房と編集委員の先生方、とりわけハードSF研究所所員でもある編集部の國分さんには、ここで改めて御礼を申し上げなければならない。

愚痴めいた話になってしまうが、日本のポピュラー・サイエンス・ジャーナリズムは、今や戦後最低と言っていいレベルまで活力が低下していることは、どなたも感じておられることだろう。かつてのポピュラー科学雑誌ブームが、結局は徒花《あだばな》にすぎなかったことは、現在の体たらくをみれば明らかだし、TVでは科学番組を装った得体の知れないオカルト番組ばかりが花盛りである。正面きった大上段の正統科学番組のなかでさえ、とんでもないでたらめが横行しているのが昨今の現状だ。

こんな状況下で、SFと境を接するこのような未来科学の領域に門戸を開いてくれるのは、今やごく一部の出版社の、そのまたごく一部の、特異な感性と十二分な素養を兼ね備えた編集者だけになってしまった。

繰り返し國分さんには厚く御礼申し上げるしだいである。

金子隆一

一九九七年六月

文庫化にあたって

一九九七年に裳華房〈ポピュラー・サイエンス〉シリーズの一巻として刊行された本書は、その後一度絶版になったが、このたび早川書房より文庫として再刊されることになった。再刊にあたり、内容の一部に手を加えたが、基本的な内容はオリジナルを可能なかぎり残した。この文庫化にあたり、再刊にご尽力くださった「宇宙エレベーター協会」の皆さん、裳華房の國分利幸さん、早川書房の東方綾さんには厚く御礼申し上げます。

二〇〇九年六月

石原藤夫
金子隆一

索 引

英字

C_{60} 100, 103
H - Ⅱロケット 15
H - ⅡAロケット 107
L1 152
L5 152
ORS 172, 173
PORS 178, 179
SFマガジン 63, 64

ア行

アイザックス、ジョン 69, 91
アポロ宇宙船 66
天橋立 53
天の御柱 53
アルツターノフ、ユーリー 60, 154, 163
飯島澄男 100
位置エネルギー 43
隕鉄 113
引力 37
　地球重力場による—— 46
ヴァイン、オーリン 69
ウィンドル、アラン 102
ヴェルヌ、ジュール 56
宇宙のネックレス 70, 132
液体酸素 17
液体水素 17
エネルギーの回収 43
エポキシ 156
エレベーター・カー 42
塩化水素 25
円軌道速度 31, 36
遠心力 37
　回転による—— 46
オゾン層の破壊 25
オレアリー、ブライアン 116

カ行

ガイド線 124
化学燃料ロケット 17

角速度　48
火星　143
カーボンナノチューブ　100
ガラパゴス諸島　130
ガン島　130, 131
軌道エレベーター　26, 40, 42
軌道リングシステム　172, 173
旧約聖書　55
極超音速スカイフック　168
金属水素　95
クラーク、アーサー・C　68, 71, 114, 133, 143
グラファイト　101
結晶鉱物　91
ケブラー繊維　84, 171
格子欠陥　92
恒星間ラムジェット宇宙船　91
高張力繊維　65
黒鉛　91
古事記　53
コムソモルスカヤ・プラウダ　62
固体燃料ロケット　24
コラー、A・R　70
コンドライト　114

サ行

サイエンス　62
歳差運動　178
サターンV　22
サッカーボール　101
酸化剤　17
ジェイコブズ・ラダー　55
シェフィールド、チャールズ　72, 95
質量比　20
ジャックと豆の木　53
重心　38
重力偏析　108
小惑星　109, 110
——捕獲法　113
彗星　109, 110
スカイフック　69
ズブリン、ロバート・M　168
スペースシャトル　15, 16, 22
静止衛星　36, 40
静止軌道　36, 139, 142
赤道塔　60
接線速度　44
創世記　55
ソコーロフ　67

タ行

第一宇宙速度　36
第二宇宙速度　36
第三宇宙速度　36
タイタンⅢ　25
タイタンⅣ　25
ダイモス　146
ダイヤモンド　92, 101
多段式ロケット　20
脱出速度　19, 30-34, 44, 64
脱出長　82, 83
炭素質コンドライト　114
単段式ロケット　20
地心重力定数　32
ツィオルコフスキー、コンスタンチン・エドゥアルドビッチ　56
月　150
低高度静止衛星　71
テーパ　85
　円錐形——　87
　曲線——　87
　直線——　87
テーパ比　66, 88
デルタ・クリッパー　20
天空の城　58
電子＝陽電子対　99
電磁的エネルギー　43
電車で宇宙へ　62
搭載質量比　167
特性高　80
特性長　80

ナ行

日本書紀　53
ネイチャー　112
ネムチノフ、I　121
燃料　17

ハ行

パウエル、E　111
パヴォニス山　144
破断長　80, 81, 82, 83
バーチ、ポール　172
バッカス、ジョージ　69
バッキーボール　100
バベルの塔　53, 54
ピアソン、ジェローム　47, 70, 79, 87, 93, 106, 156
ビークル　126
ひげ結晶　93
引張り強さ　78
非同期軌道　161
　——型エレベーター　160
　——スカイフック　160
ヒルズ、ジャック　119
フォボス　146
袋　一平　63
部分軌道型リングシステム

178, 179
ブラッドナー、ヒュー　69
フラーレン　100, 101
フラワー、J・W　70
噴射速度　18
ペイロード　22
ヘムリー、ラッセル　96
ホイスカー　84, 93
放物線軌道　34
ポジトロニウム　95
星ぼしに架ける橋　72, 73
ポリャーコフ、G　70, 135
ボロ　168
ホーワン、マオ　96

マ行

マス・ドライバー　116
メロシュ、H　121
モッタ、マルセロ　102
モノポール　99
モラヴェック、ハンス　163
モルディヴ諸島　130, 131

ヤ行

ヤコブ　55
山崎　昶　100
ユグドラシル　53
陽電子　98

ラ行

楽園の泉　71, 73, 114, 133, 143
ラグランジュ点　151, 153
リング都市　133
レオーノフ　67
ロータベータ　168

参考文献

Artsutanov, Y. : "V kosmos na elektrovoze.", *Komsomolskaya Pravda*, **July 31**, 1960（summarized in English in *Science* **158**, pp946 ～ 7）

Y. アルツタノフ（袋 一平 訳）「電車で宇宙へ」, ＳＦマガジン 1961 年 2 月号 121 ～ 123 頁（上記の日本語訳）

Birch, Paul : "Orbital Ring Systems and Jacob's Ladders — I ", *J. British Interplanetary Society* **35**, pp 475 ～ 497, 1982.（バーチ「軌道リングシステムとジェイコブズ・ラダー I 」）

Birch, Paul : "Orbital Ring Systems and Jacob's Ladders — II ", *J. British Interplanetary Society* **36**, pp 115 ～ 128, 1983.（バーチ「軌道リングシステムとジェイコブズ・ラダー II 」）

Birch, Paul : "Orbital Ring Systems and Jacob's Ladders — III", *J. British Interplanetary Society* **36**, pp 231 ～ 238, 1983.（バーチ「軌道リングシステムとジェイコブズ・ラダー III」）

Clarke, Arthur C.: "The World of the Communications Satellite", *Astronautics*, **February**, 1964（Now in "*Voices From the Sky*", Harper & Row, N. Y.（1965））.（クラーク「通

信衛星の世界」)

Clarke, Arthur C.: “The Fountains of Paradise”, Harcourt Brace Jovanovich, N. Y., 1979（クラーク『楽園の泉』山高 昭 訳，早川書房海外ＳＦノヴェルズ（1980），ハヤカワ文庫ＳＦ（1987））

Clarke, Arthur C.: “The Space Elevator : ‘Thought Experiment’, or Key to the Universe?”, *Advances in Earth Orientated Applications of Space Technology*, Vol. I, No. 1, pp 39 ～ 48, 1981.（クラーク「宇宙エレベーター：思考実験，それとも宇宙への鍵か?」）

Collar, A. R. and J. W. Flower: “A (Relatively) Low Altitude 24 Hour Satellite”, *J. B. I. S.* **22**, pp 442 ～ 457, 1969.（コラー＆フラワー「（相対的に）低高度の 24 時間衛星」）

Iijima Sumio : “Helical Microtubeles of Graphitic Carbon”, *Nature* **354**, pp 56 ～ 57, 1991.（飯島澄男「カーボンナノチューブ」）

Isaacs, John D., Allyn C. Vine, Hugh Bradner and George E. Bachus : “Satellite Elongation into a True ‘Sky-Hook’ ”, *Science* **151**, pp 682 ～ 683, 1966.（アイザックスら「真の“スカイフック”を実現する，延長された人工衛星」）

勝俣 隆：「日本神話の星と宇宙観 1 ～ 3」，天文月報 88 巻 472 ～ 477 頁，512 ～ 517 頁，1995，89 巻 23 ～ 27 頁，1996.

Moravec, Hans : "A Non - Synchronous Orbital Skyhook", *J. Astronautical Sci*. **25**, pp 307 ～ 322, 1977.（モラヴェック「非同期軌道スカイフック」）

Pearson, Jerome : "The Orbital Tower : A Spacecraft Launcher Using the Earth's Rotational Energy", *Acta Astronautica* **2**, pp 785 ～ 799., 1975（ピアソン「軌道塔：地球の自転エネルギーを用いた宇宙船打ち上げ装置」）

Pearson, Jerome : "Using the Orbital Tower to launch Earth-escape payloads daily", *AIAA Paper*, pp 76 ～ 123, 27th IAF Congress, 1976.（ピアソン「軌道塔を利用した地球脱出速度での日毎の打ち上げ」）

Pearson, Jerome : "Anchored Lunar Satellites for Cislunar Transportation and Communication", *J. Astronautical Sci*. **27**, pp 39 ～ 62, 1979.（ピアソン「月と地球との輸送・通信のために係留された月衛星」）

Polyakov, G. : "Kosmicheskoye 'ozherel'ye' zemli（in Russian）（A Space 'Necklace' about the Earth）", *Teknika Molodezhi*, **No.4**, pp 41 ～ 43, 1977（NASA TM-75174）.（ポリャーコフ「地球をめぐる"宇宙ネックレス"」

Sheffield, Charles : "The Web between The World",1979（シェフィールド『星ぼしに架ける橋』山高 昭 訳，ハヤカワ文庫ＳＦ（1982））

Sheffield, Charles : "How to Build A Beanstalk", in "*The Endless*

Frontier Vol. II (J. Pournelle ed.)", Ace Science Fiction Books, N. Y., 1982.（シェフィールド「いかにビーンストークを建設するか」）

Tsiolkovski, K. E. : "Grezi o zemle I nebe (in Russian) (Speculations between Earth and Sky, and on Vesta : science fiction works)", *Moscow, Izd-vo AN SSSR*, p 35, 1959.（ツィオルコフスキー「空と大地の間，そしてヴェスタの上における夢想」）

八巻 治：「軌道エレベータの基礎」，ハードＳＦ研究所公報64号45～67頁，65号32～56頁，1996.

Zubrin, Robert M. : "The Hypersonic Skyhook", *Analog science fiction/science fact*, September, 1993.（ズブリン「極超音速スカイフック」）

本書は一九九七年七月に裳華房〈ポピュラー・サイエンス〉シリーズとして刊行された作品を文庫化したものです。

〈数理を愉しむ〉シリーズ

黒体と量子猫 1
——ワンダフルな物理史「古典篇」
ジェニファー・ウーレット／尾之上俊彦ほか訳

一癖も二癖もある科学者の驚天動地のエピソードを満載したコラムで語る、古典物理史。

黒体と量子猫 2
——ワンダフルな物理史「現代篇」
ジェニファー・ウーレット／金子浩ほか訳

相対論など難しそうな現代物理の概念を映画や小説、時事ニュースに読みかえて解説する

はじめての現代数学
瀬山士郎

無限集合論からゲーデルの不完全性定理まで現代数学をナビゲートする名著待望の復刊！

素粒子物理学をつくった人びと 上下
ロバート・P・クリース＆チャールズ・C・マン／鎮目恭夫ほか訳

ファインマンから南部まで、錚々たるノーベル賞学者たちの肉声で綴る決定版物理学史。

異端の数ゼロ
——数学・物理学が恐れるもっとも危険な概念
チャールズ・サイフェ／林大訳

人類史を揺さぶり続けた魔の数字「ゼロ」。その歴史と魅力を、スリリングに説き語る。

ハヤカワ文庫

〈数理を愉しむ〉シリーズ

歴史は「べき乗則」で動く
——種の絶滅から戦争までを読み解く複雑系科学
マーク・ブキャナン／水谷淳訳

混沌たる世界を読み解く複雑系物理の基本を判りやすく解説！（『歴史の方程式』改題）

量子コンピュータとは何か
ジョージ・ジョンソン／水谷淳訳

実現まであと一歩？　話題の次世代コンピュータの原理と驚異を平易に語る最良の入門書

リスク・リテラシーが身につく統計的思考法
——初歩からベイズ推定まで
ゲルト・ギーゲレンツァー／吉田利子訳

あなたの受けた検査や診断はどこまで正しいか？　数字に騙されないための統計学入門。

カオスの紡ぐ夢の中で
金子邦彦

第一人者が難解な複雑系研究の神髄をエッセイと小説の形式で説く名作。解説・円城塔。

運は数学にまかせなさい
——確率・統計に学ぶ処世術
ジェフリー・S・ローゼンタール／柴田裕之訳／中村義作監修

宝くじを買うべきでない理由から迷惑メール対策まで、賢く生きるための確率統計の勘所

〈数理を愉しむ〉シリーズ

美の幾何学
――天のたくらみ、人のたくみ
伏見康治・安野光雅・中村義作

自然の事物から紋様、建築まで、美を支える数学的原則を図版満載、鼎談形式で語る名作

E＝mc²
――世界一有名な方程式の「伝記」
デイヴィッド・ボダニス／伊藤文英・高橋知子・吉田三知世訳

世界を変えたアインシュタイン方程式の意味と来歴を、伝記風に説き語るユニークな名作

数学と算数の遠近法
――方眼紙を見れば線形代数がわかる
瀬山士郎

方眼紙や食塩水の濃度など、算数で必ず扱うアイテムを通じ高等数学を身近に考える名著

ポアンカレ予想
――世紀の謎を掛けた数学者、解き明かした数学者
G・G・スピーロ／永瀬輝男・志摩亜希子監修／鍛原多惠子ほか訳

現代数学に革新をもたらした世紀の難問が解かれるまでを、数学者群像を交えて描く傑作

黄金比はすべてを美しくするか？
――最も謎めいた「比率」をめぐる数学物語
マリオ・リヴィオ／斉藤隆央訳

芸術作品以外にも自然の事物や株式市場にまで登場する魅惑の数を語る、決定版数学読本

ハヤカワ文庫

〈数理を愉しむ〉シリーズ

史上最大の発明アルゴリズム
——現代社会を造りあげた根本原理
デイヴィッド・バーリンスキ／林大訳
数学者たちの姿からプログラミングに必須のアルゴリズムを描いた傑作。解説・小飼弾。

不可能、不確定、不完全
「できない」を証明する数学の力
ジェイムズ・D・スタイン／熊谷玲美・田沢恭子・松井信彦訳
〝できない〟ことの証明が豊かな成果を産む——予備知識なしで数学の神秘に触れる一冊

物質のすべては光
——現代物理学が明かす、力と質量の起源
フランク・ウィルチェック／吉田三知世訳
物質の大半は質量0の粒子から出来ている⁉素粒子物理の最新理論をユーモラスに語る。

隠れていた宇宙（上下）
ブライアン・グリーン／竹内薫監修／大田直子訳
先端理論のあるところに多宇宙あり⁉その凄さと面白さをわかりやすく語る科学解説。

偶然の科学
ダンカン・ワッツ／青木創訳
ネットワーク科学の革命児が、「偶然」で動く社会と経済のメカニズムを平易に説き語る

HM=Hayakawa Mystery
SF=Science Fiction
JA=Japanese Author
NV=Novel
NF=Nonfiction
FT=Fantasy

軌道《きどう》エレベーター
宇宙に架ける橋

〈NF354〉

二〇〇九年七月　十五日　発行
二〇一四年十月二十五日　二刷
（定価はカバーに表示してあります）

著　者　石《いし》原《はら》藤《ふじ》夫《お》
　　　　金《かね》子《こ》隆《りゅう》一《いち》
発行者　早川　浩
印刷者　西村文孝
発行所　株式会社　早川書房
郵便番号　一〇一－〇〇四六
東京都千代田区神田多町二ノ二
電話　〇三－三二五二－三一一一（大代表）
振替　〇〇一六〇－三－四七七九九
http://www.hayakawa-online.co.jp

乱丁・落丁本は小社制作部宛お送り下さい。
送料小社負担にてお取りかえいたします。

印刷・精文堂印刷株式会社　製本・株式会社川島製本所
Printed and bound in Japan
ISBN978-4-15-050354-3 C0144

本書は活字が大きく読みやすい〈トールサイズ〉です。